空间对地观测卫星视频智能处理

李盛阳　著

科学出版社

北　京

内 容 简 介

本书全面总结了作者在空间对地观测卫星视频智能处理领域的研究成果。书中系统阐述了空间对地观测视频卫星的系列化发展，深入探讨了多任务场景下的视频数据集构建，详尽介绍了在卫星视频场景分类、目标检测、目标跟踪、目标分割和超分辨率的不同应用场景下视频智能处理的关键技术与方法。从理论到实践，本书不仅涵盖了智能处理技术的模型与算法以及典型应用场景，还包含了实现流程、实验设计与结果分析，全面展现了空间对地观测卫星视频智能处理技术的前沿进展和应用实践。

本书内容丰富、结构合理，语言深入浅出，既可供高等院校空间对地观测和遥感专业的师生参考，也适合相关领域的科研工作者和工程技术人员作为技术研究与工程应用的参考书籍。

图书在版编目（CIP）数据

空间对地观测卫星视频智能处理 / 李盛阳著. --北京 ：科学出版社, 2024.12. --ISBN 978-7-03-079810-7

Ⅰ. TP751

中国国家版本馆 CIP 数据核字第 2024PK7964 号

责任编辑：王　哲 / 责任校对：胡小洁
责任印制：师艳茹 / 封面设计：迷底书装

科 学 出 版 社 出版
北京东黄城根北街 16 号
邮政编码：100717
http://www.sciencep.com

北京九州迅驰传媒文化有限公司印刷
科学出版社发行　各地新华书店经销
*

2024 年 12 月第 一 版　开本：720×1 000　B5
2024 年 12 月第一次印刷　印张：14 1/2
字数：290 000

定价：188.00 元

（如有印装质量问题，我社负责调换）

序

  空间对地观测卫星视频通过高动态、高时序的方式，记录了地球表面的动态变化和空间关系，是对传统静态对地观测影像的突破与创新，也是服务国家可持续发展目标和社会经济需求的重要技术之一。随着对地观测技术和人工智能的快速发展与深度融合，卫星视频的智能化处理逐渐成为遥感领域的重要研究方向，得到业界的广泛关注与积极探索。

  基于人工智能的卫星视频处理作为遥感图像解译领域重要的研究阵地之一，高效地从海量视频中更加精准地提取动态信息，逐步建立起实时的空间认知和决策能力，需要在分类、检测、识别、目标跟踪、目标分割等方面有重要创新性发展，聚焦视频智能处理技术的自主创新，突破重要应用场景的核心算法瓶颈，构建智能化、高精度、覆盖全面的技术体系，为生态环境监测、自然资源管理及智慧城市建设等众多方面提供重要技术支持。

  该书《空间对地观测卫星视频智能处理》的撰写正逢其时，内容涵盖数据集、面向各类任务的理论方法等，全面地阐述了作者在空间对地观测视频智能处理方面的研究进展与最新成果。书中提供了较为丰富的理论方法与实验分析，充分展示了这一领域的技术潜力和发展方向。相信该书的出版将进一步推动空间对地观测视频智能处理技术的发展与应用，为遥感、测绘与地理信息行业的发展提供重要支持。同时，这也将助力国家在资源环境监测、自然灾害预警及生态文明建设中的科技能力提升，服务于经济社会的高质量发展。

国家最高科学技术奖获得者

中国科学院院士

中国工程院院士

2024 年 12 月

前　　言

在探索地球表面特征和动态变化的征途上，空间对地观测技术扮演着至关重要的角色。视频卫星作为这一领域的新星，以其连续、动态的观测能力，为空间对地观测提供了前所未有的视角和数据，使得人们拥有了捕捉地表动态过程的独特能力。这些技术不仅极大地丰富了人们对地球系统的认识，也为环境保护、资源管理、灾害监测等应用领域提供了强有力的数据支持。然而，如何有效地处理和分析这些日益增长的对地观测视频数据，提取有价值的信息，成为一个亟待解决的问题。正是在这样的背景下，空间对地观测视频智能处理技术应运而生。它融合了图像处理、模式识别、机器学习等多个领域的先进理念，致力于自动化地从复杂的视频数据中识别和解析出有用的模式和结构。

本书旨在系统性地介绍空间对地观测卫星视频智能处理的理论和实践。从对地观测卫星的技术概况到视频数据集的构建，从场景分类到目标检测、跟踪和分割，再到视频超分辨率重建，本书将深入探讨这些领域的核心技术和方法。本书基于作者团队的研究成果，结合实际案例，为读者提供深入的技术解析和丰富的实验验证，主要内容共 9 章。第 1 章，绪论，介绍空间对地观测视频智能处理的背景，使读者对该任务有一个全面、基本的了解。第 2 章，空间对地观测视频技术及应用，介绍视频卫星概况和几个典型视频卫星的详细信息，以及典型应用。第 3 章，卫星视频数据集，介绍卫星视频目标检测、目标跟踪、目标分割、多标签场景分类和超分辨率重建任务下的数据集情况，以及各自任务的评价指标。第 4 章，视频场景分类，介绍该任务的背景、方法概述和应用场景；介绍作者团队提出的基于时空协同编码的卫星视频多标签场景分类方法，包括方法原理与实验结果分析。第 5 章，视频目标检测，介绍该任务的背景、方法概述和应用场景；介绍作者团队提出的基于小样本学习的两阶段网络卫星视频飞机目标检测方法、基于显著特征融合和噪声边界挖掘的卫星视频运动舰船弱监督检测方法、基于半监督学习的卫星视频细粒度目标检测方法，以及 3 个方法的方法原理和实验结果分析。第 6 章，视频目标跟踪，介绍该任务的背景、方法概述和应用场景；介绍作者团队提出的基于运动估计的改进相关滤波卫星视频单目标跟踪、基于旋转自适应相关滤波卫星视频目标跟踪、基于掩膜传播和运动估计的卫星视频多目标跟踪，以及 3 个方法的方法原理和实验结果分析。第 7 章，视频目标分割，介绍该任务的背景、方法概述和应用场景；介绍作者团队提出的基于时空特征信息筛选的卫星视频单运动目标分割方法、基于时空信息约束的全场景卫星视频多目标分割方法，以及 2 个方法的方法原理和实验结果分析。

第 8 章，视频超分辨率，介绍该任务的背景、方法概述和应用场景；介绍作者团队提出的基于轻量级循环集成网络的视频超分辨率方法，以及该方法的方法原理和实验结果分析。第 9 章，总结与展望，回顾和总结本书的研究成果，并对空间对地观测卫星视频智能处理的未来发展趋势和方向进行了展望。

撰写本书的目的是汇集和分享我们在空间对地观测卫星视频智能处理领域的深入见解和实践经验。希望本书能够成为连接学术探索与实际应用的桥梁，推动该领域的技术进步和创新发展。我们相信，通过深入理解和应用这些智能处理技术，可以更好地服务于环境监测、资源管理、城市规划以及灾害预防等多个重要领域。

在本书的撰写过程中，我们力求内容的科学性、系统性和前瞻性。然而，由于作者水平和时间有限，加之空间对地观测卫星视频智能处理是一个快速发展的领域，书中可能存在疏漏和不足之处。我们诚挚地希望广大读者和同行不吝赐教，提出宝贵的意见和建议，以便我们不断改进和完善。我们相信，通过大家的共同努力，可以推动空间对地观测卫星视频智能处理技术向更深层次、更广领域发展。

李盛阳

2024 年 10 月

目　　录

第 1 章 绪 论

从 1956 年 2 月，钱学森先生向中央提出《建立中国国防航空工业的意见》开始，经过近 70 年的发展，中国的航天技术取得了巨大的进步，目前已经形成由资源、气象、海洋、环境、国防等系列构成的对地观测遥感卫星体系[1]。空间对地观测是一种利用航空、航天等技术手段，通过成像光谱、成像雷达、激光雷达等先进遥感技术，从外部空间对地球的物理、化学和生物系统进行全面观测的活动，李德仁院士认为这种技术是获取空间信息的关键手段，对经济建设、社会发展和科学研究具有重要作用[2]。随着人类活动空间从陆地向海洋、空中、外层空间的不断拓展，空间对地观测技术的重要性愈发突出。目前，全球已有 50 余个国家和地区发射了对地观测卫星，截至 2023 年 5 月 1 日，全球在轨卫星共 7560 颗，其中仅美国的商业卫星就有 4741 颗[3]。

随着空间对地观测技术和人工智能图像处理技术的发展，空间对地观测视频智能处理技术也发展迅速，在环境监测、灾害救援、国土安全及交通管理等领域的应用逐渐深入。视频卫星作为一类新型对地观测卫星，可以在一段时间内实现对目标区域"凝视"连续观测，同时获得空间和时间维度上的信息。目前，中国、美国、俄罗斯等多个航天大国已发射了一系列视频卫星。2013 年 11 月 21 日，美国 Planet 公司发射了全球首颗视频小卫星——SkySat-1，开启了视频动态对地观测新模式，其视频产品的视场覆盖范围约为 2km^2，是全球首颗能够拍摄全色高清视频的卫星；在此之后至 2020 年，Planet 公司陆续发射了 SkySat-2～SkySat-21 系列卫星，形成了 SkySat 视频卫星星座组网[4]，该系列卫星的全色空间分辨率不断提升，在一天内可以对目标进行多次重访。2014 年 1 月 27 日，加拿大 UrtheCast 公司将 Iris 高清摄像机安装在国际空间站 Zvezda 服务舱舱外，实现了对地全彩色视频录制功能[5]；Iris 在低地球轨道运行，分辨率为 1.1m，可以拍摄 90s 高清全彩视频。2015 年 10 月 7 日，长光卫星技术有限公司成功发射了"吉林一号"高分辨率对地观测视频卫星，截至 2024 年 7 月，长光卫星技术有限公司共发射了 12 颗视频卫星，最长视频成像时长为 120s，最小空间分辨率为 0.92m，可实现对地彩色视频拍摄[5]。2015 年，英国的 Surrey 公司发射了 Carbonite 1 号视频卫星，该卫星是建设该公司 Carbonite 系列卫星星座的首颗试验卫星，空间分辨率为 1m，可以拍摄 15s 的高清视频片段；2018 年，作为 Carbonite 1 号卫星的扩展和延续，Surrey 公司发射了 Carbonite 2 号卫星[6]，空间分辨率为 1.2m，视频帧率可达到 25FPS。2017 年 6 月 15 日，珠海欧比特宇航科技股份有限公司成功发射"珠海一号"两颗视频卫星（OVS-1A、OVS-1B），空间分辨率为 1.98m，成像范围为 8.1km×6.1km，可拍摄最长 90s 的视频；2018 年 4 月 26 日，"珠海一号"微纳星座第二批卫星成功发射，该批卫星包括 1 颗视频卫星（OVS-2A），视频卫星的成像范围为 4.5km×2.7km，视频可最长拍摄 120s[7,8]。

　　视频卫星技术的发展使得卫星视频数据不断丰富，在城市规划、灾后重建、自然灾害快速响应、交通管理等领域应用中发挥越来越重要的作用，面向不同任务的卫星视频数据集也逐步有了快速的发展。如表 1-1 所示，2021 年，国防科技大学发布了由吉林一号卫星拍摄的涵盖视频目标检测、单目标跟踪和多目标跟踪三个任务的数据集 VISO，该数据集包含 47 个视频序列，其中 1646038 帧用于视频目标检测，3711 帧用于视频目标跟踪[9]。2022 年，中国科学院空间应用工程与技术中心发布了卫星视频单目标跟踪数据集 SatSOT，该数据集包含 105 个视频序列，共 27664 帧，视频序列的平均时长为 30s；SatSOT 数据集重点关注汽车、飞机、船、火车等 4 类运动目标，并且具有 11 种反映卫星视频特点的属性，如亮度变化、目标旋转、目标遮挡等[9]。同年，中国科学院空天信息创新研究院发布了由吉林一号拍摄的多目标跟踪数据集 AIR-MOT[10]，该数据集包含 5736 个实例，共 149 个视频，每个视频帧的尺寸为 1920 像素×1090 像素。2023 年，中国科学院空间应用工程与技术中心发布了卫星视频多任务数据集 SAT-MTB，该数据集包含 249 个视频序列，共 50000 多帧和 1033511 个标注实例[11]。同年，中国科学院空间应用工程与技术中心还发布了卫星视频超分辨率重建数据集 SAT-MTB-VSR，该数据集包含 431 个视频序列，每个视频中都包含连续的 100 帧[12]。2024 年，中国科学院空间应用工程与技术中心在 SAT-MTB 的基础上又补充发布了场景分类子数据集 SAT-MTB-MLSC[13]和分割子数据集 SAT-MTB-SOS[14]，其中，SAT-MTB-MLSC 包含 3549 个视频序列，共 141960 帧，目标类别包含 14 类静态类别和 4 类动态类别；SAT-MTB-SOS 包含 113 个视频序列，共 13500 帧，包含 5 个目标类别。

表 1-1　现有的面向不同任务的卫星视频数据集

数据集名称	面向任务	发布年份	发布机构	视频数	帧数
VISO	目标检测 单目标跟踪 多目标跟踪	2021	国防科技大学	47	1649749
SatSOT	单目标跟踪	2022	中国科学院 空间应用工程与技术中心	105	27664
AIR-MOT	多目标跟踪	2022	中国科学院 空天信息创新研究院	149	>50000
SAT-MTB	目标检测 目标分割 单目标跟踪 多目标跟踪	2023	中国科学院 空间应用工程与技术中心	249	>50000

续表

数据集名称	面向任务	发布年份	发布机构	视频数	帧数
SAT-MTB-VSR	超分辨率重建	2023	中国科学院空间应用工程与技术中心	431	43100
SAT-MTB-MLSC	场景分类	2024	中国科学院空间应用工程与技术中心	3549	141960
SAT-MTB-SOS	目标分割	2024	中国科学院空间应用工程与技术中心	113	13500

本书重点关注了国内外视频卫星与飞行器平台、代表性的卫星视频数据集、卫星视频场景分类、卫星视频目标检测、卫星视频目标跟踪、卫星视频目标分割和卫星视频超分辨率重建等空间对地观测获得的数据与应用任务，侧重关注这些任务方向的发展情况和作者团队的研究成果。下面简述每个任务方向的技术发展情况。

卫星视频场景分类旨在描述卫星视频中地物场景的语义信息，根据关注的地物场景的数量，现有方法可分为卫星视频单标签场景分类和卫星视频多标签场景分类，前者用单一语义标签表示卫星视频中最主要的地物场景，而后者则识别出卫星视频中所有关注的地物场景的类别信息。两类方法研究重点包括地物场景空间特征的准确表示和时序特征编码，空间特征表示主要用于提升卫星视频中小目标、局部信息等提取的准确性，时序特征编码主要用于获取视频级别的特征表示，目前的方法多为基于深度学习的方法。

卫星视频目标检测是指抽取出图像序列或视频中作为前景的发生空间位置变化的目标并将其进行标示的过程，它的具体任务主要有两个：一是判断序列图像或视频中是否存在运动目标；二是指示运动目标在序列图像或视频中的位置和类别。根据所处理数据对象的不同，目前常用的运动目标检测方法主要分为基于背景建模和基于前景建模这两大类方法。经典的背景建模方法主要有光流法、帧间差分法和背景减除法等；前景建模则主要通过对目标样本的特征表达和学习，并利用训练好的分类器对目标与背景进行二分类，实现序列图像上的运动目标检测，即采用"特征表达+分类器"的通用框架。卫星视频相较于一般场景视频具有观测范围大、目标尺度小、目标与背景区分困难和空间分辨率低等问题，对卫星视频运动目标检测的研究大体分为基于背景建模的经典运动目标检测方法和对显著性区域进行目标特征提取与分类方法。

卫星视频目标跟踪在图像的第一帧中给出待跟踪目标的初始状态(如位置、尺寸)，自动估计目标在后续视频中的状态[15]。目前，跟踪方法一般有两种构建思路，一种是生成类方法，另一种是判别类方法。生成类方法通过提取目标特征来构建目标模板，并在下一帧中使用搜索算法对当前帧目标进行定位[15]。生成类方法中较为经典的方法包括卡尔曼滤波、粒子滤波及 Mean-Shift。生成类方法以构建表达目标外观的模型为切入点，而判别类方法以对像素分类为目的[16]。判别类方法是在跟踪过程中训练一个目标分类器，使用目标分类器去判断候选位置是目标还是背景，然后再使用检测结果去更新训练集进而更新目标分类器的一类方法。在训练目标分类器时一般选取目标区域为正样本，目标的周围区域为负样本。判别类方法考虑了背景信息，增强了跟踪算法的鲁棒性，避免了寻找待跟踪目标有效表达的复杂性[15]。与生成类方法相比，判别类方法准确度高且速度快，成为目前跟踪领域的主流方法与研究方向。目前主流的构建目标分类器的方法主要有传统的机器学习方法、深度学习方法与相关滤波方法。而卫星视频与一般场景视频相比，目标的信息量更少，有时使用深度特征的效果并没有使用人工特征的效果优越，反而减慢了跟踪器的速度，因此是否使用神经网络提取特征由具体目标的细节量来决定[17]。

卫星视频目标分割涉及从视频序列中识别并分离出感兴趣的目标对象，旨在从连续的视频帧中识别出特定目标，并将其从背景中分离出来。现有方法可分为基于背景建模的方法和基于深度学习的方法。基于背景建模的方法通过背景减除、区域增长、轮廓跟踪和图割等，实现前景和背景的分离，这类方法适用于特定数据和场景下，对于复杂多变的应用场景难以实现分割的泛化性。基于深度学习的方法通过利用各种深度学习模型，如卷积神经网络(Convolution Neural Network，CNN)，自动学习从图像到分割掩膜之间复杂的映射关系，同时还可结合多种信息源(颜色、纹理、运动等)，实现准确和鲁棒的视频目标分割。

卫星视频超分辨率重建在空间分辨率受限且不改变原有硬件的情况下，通过计算机方法结合严格的数学物理方法和理论模拟提高视频分辨率[18]。常见的卫星视频超分辨率重建方法有基于插值、基于学习和基于重建三种。基于插值的超分辨率重建是最早提出的且较为简单的一种方法，其原理简单、直观性较强、易于操作，核心是计算低分辨率和目标高分辨率之间的配准关系，再利用合适的多项式插值算法，插值得到目标高分辨率图像。其主要有双线性插值法、最近邻插值法以及双三次插值法。基于学习的超分辨率重建主要依赖两个过程，一是图像的训练，二是图像的重建。对图像集进行训练，并从中找出高、低分辨率图像间的一一映射关系，将低分辨率图像输入学习到的这种映射关系中，再通过映射关系恢复出高频信息，得到重建高分辨率图像[19]。基于重建的方法多是根据多幅低分辨率图像重建出一幅高分辨率图像，该方法是一种根据高、低分辨率图像之间的配准关系，得到高、低分辨率之间的图像像素的依赖关系，并将这种依赖关系作为先验知识，根据先验知识进一步重建出目标高分辨率图像的技术[20]。

除本书所介绍的内容外，空间对地观测卫星视频智能处理领域还包括变化检测、异常检测、云去除、土地覆盖分类等任务。随着深度学习等人工智能技术的不断进步，这些技术将变得更加成熟和精准，应用领域也将扩展到城市规划、环境监测、精准农业、海洋监测等更多行业，为应用决策提供支持。云计算和人工智能的结合将使实时数据处理和分析成为可能，提高对突发事件的响应速度。智能算法的优化将有望进一步解决小样本学习问题，提升空间对地观测视频的自主处理能力。尽管面临大规模样本库构建、专用深度学习框架模型开发和算力基础设施完善的挑战，但这些挑战也为未来空间对地观测卫星视频智能处理的研究和应用提供了方向。总体来说，空间对地观测卫星视频智能处理技术将在未来发挥更加重要的作用，并推动相关行业的创新和发展。

<h2 style="text-align:center">参 考 文 献</h2>

[1]　中国航天史. https://baike.baidu.com/item/%E4%B8%AD%E5%9B%BD%E8%88%AA%E5%A4%A9%E5%8F%B2/5005717, 2024.

[2]　李德仁. 中国对地观测系统的使命、愿景与应用. https://www.thepaper.cn/newsDetail_forward_27205080, 2024.

[3]　江碧涛. 我国空间对地观测技术的发展与展望. 测绘学报, 2022, 51 (7): 1153-1159.

[4]　SkySat. https://earth.esa.int/eogateway/missions/skysat, 2024.

[5]　赵旭辉. SLAM 技术在视频卫星处理中的应用研究. 武汉:武汉大学, 2019.

[6]　Space Portfolio. SSTL Launched Missions. https://www.sstl.co.uk/space-portfolio/launched-missions, 2020.

[7]　珠海欧比特宇航科技股份有限公司. https://www.myorbita.net/, 2024.

[8]　珠海一号. https://baike.baidu.com/item/%E7%8F%A0%E6%B5%B7%E4%B8%80%E5%8F%B7/22543751, 2022.

[9]　Yin Q, Hu Q, Liu H, et al. Detecting and tracking small and dense moving objects in satellite videos: a benchmark. IEEE Transactions on Geoscience and Remote Sensing, 2021, 60: 1-8.

[10]　He Q, Sun X, Yan Z, et al. Multi-object tracking in satellite videos with graph-based multitask modeling. IEEE Transactions on Geoscience and Remote Sensing, 2022, 60: 1-13.

[11]　Li S, Zhou Z, Zhao M, et al. A multitask benchmark dataset for satellite video: object detection, tracking, and segmentation. IEEE Transactions on Geoscience and Remote Sensing, 2023, 61: 1-21.

[12]　卫星视频超分辨率重建数据集. https://zenodo.org/records/10939736, 2023.

[13]　Guo W, Li S, Chen F, et al. Satellite video multi-label scene classification with spatial and temporal feature cooperative encoding: a benchmark dataset and method. IEEE Transactions on Image Processing, 2024, 33: 2238-2251.

[14]　Kou L, Li S, Yang J, et al. SAT-MTB-SOS: a benchmark dataset for satellite video single object segmentation//International Conference on Computer Vision, Image and Deep Learning, Zhuhai, 2024.

[15]　轩诗宇. 基于相关滤波与深度学习的光学卫星视频典型目标跟踪方法研究. 北京:中国科学

院大学, 2020.

[16] 魏全禄, 老松杨, 白亮. 基于相关滤波器的视觉目标跟踪综述. 计算机科学, 2016, 43(11): 6.

[17] 汪涛阳, 张过, 蒋永华, 等. 光学卫星视频数据处理与应用. 北京: 科学出版社, 2020.

[18] 姚烨. 高分辨率视频卫星影像超分辨率重建技术研究. 长春:中国科学院大学(中国科学院长春光学精密机械与物理研究所), 2018.

[19] Timofte R, De V, Gool L V. Anchored neighborhood regression for fast example based super resolution//Proceedings of the 2013 IEEE International Conference on Computer Vision, Sydney, 2013.

[20] Kim K I, Kwon Y. Single-image super-resolution using sparse regression and natural image prior. IEEE Transactions on Pattern Analysis and Machine Intelligence, 2010, 32(6): 1127-1133.

第2章 空间对地观测视频技术及应用

目前在轨的商业遥感卫星种类繁多，包括光学卫星、气象卫星、SAR卫星、多光谱卫星、自动识别系统卫星、频率检测卫星、视频卫星、电子侦察卫星、红外卫星、多种成像载荷卫星等[1]。随着遥感技术的快速发展，空间对地观测数据获取能力不断提升，陆地观测卫星的成像时间分辨率不断缩短，但单星模式高分辨率卫星的重访仍需要2～5天，即使轻小型卫星组建的星座缩短了重返周期，也难以满足对遥感特定目标进行实时观测的需求[2]。视频卫星组网的出现有望将时间分辨率提升到秒级，在大型商业区车辆实时监测、自然灾害应急快速响应、重大工程监控和热点区域安防等领域具有重要应用潜力，是未来对地观测的重要发展趋势[3]。

卫星视频观测技术通过其全球覆盖、高分辨率成像和实时监测能力可以捕捉地表细节信息，在多个领域展现出显著的优势和必要性，它能够帮助在全球范围内进行精确的环境评估和科学研究，提供实时和全面的空间对地观测视频数据，支持自然灾害应急响应、环境与气候监测、资源管理、农业优化、城市规划，以及军事与安全监控，是科学研究与应用中不可或缺的重要技术手段。

2.1 视频卫星概况

近年来，国内外已经发射了数十颗在轨运行的光学视频卫星。在国内，国防科技大学于2014年9月发射天拓二号视频试验卫星，可拍摄5m分辨率、25FPS的黑白视频。长光卫星技术有限公司于2015年发射两颗高分视频卫星(吉林一号视频01/02星)，支持凝视视频的成像模式，空间分辨率为1.13m，幅宽为4.6km×3.4km，是国内首颗能够拍摄全彩色视频的卫星，该公司后续于2017年、2018年、2020年发射了9颗视频卫星(吉林一号视频03～08星、高分03C 01～03视频星[4])，在成像模式、视频连续成像时长、空间分辨率、幅宽等技术指标方面均有所提高，在轨视频卫星通过协同组网观测，大大提高了视频重访能力。珠海欧比特宇航科技股份有限公司在2017年6月发射了两颗视频卫星(珠海一号OVS-1A/1B)，空间分辨率为1.98m，又于2018年4月和2019年9月分别发射了可拍摄0.9m分辨率全彩色视频的第二代视频微纳卫星OVS-2、OVS-3。2019年8月，北京千乘探索公司于酒泉卫星发射中心发射千乘一号01星，具备遥感和地球探测功能，可拍摄2m分辨率的全彩色视频。

美国Skybox Imaging公司于2013年和2014年分别发射了SkySat-1与SkySat-2，

SkySat-1 是全球首颗能够拍摄全色高分辨率视频的卫星，运行于太阳同步轨道，全色空间分辨率为 0.86m，两颗卫星均可拍摄米级分辨率的黑白视频，后续陆续发射了 SkySat-3～SkySat-21，其中 SkySat-3～SkySat-15 运行于太阳同步轨道，全色空间分辨为 0.65m，SkySat-16～SkySat-21 运行于非太阳同步轨道，全色空间分辨率为 0.57m，至 2020 年 8 月已经形成了由 21 颗小卫星组成的 SkySat 卫星星座，平均可达到每天全球 6～7 次重访。2014 年 1 月，UrtheCast 公司将名为 Iris 的高解析度照相机送往"国际空间站"并成功安装，可以拍摄分辨率为 1m、时长 90s 的高清全彩色视频。国内外视频卫星介绍如表 2-1 所示。

表 2-1   国内外视频卫星介绍（表中仅展示公开数据）

国家	卫星名称	发射年份	轨道类型	分辨率	特点
中国	天拓二号	2014	太阳同步轨道	5m	黑白视频
中国	吉林一号视频 01/02	2015	太阳同步轨道	1.13m	首个真彩视频，4.6km×3.4km 幅宽
中国	吉林一号视频 03～08	2017～2024	太阳同步轨道	1.13m	持续提升空间分辨率、增加成像时间，协同组网观测
中国	高分 03C 01～03	2018～2024	太阳同步轨道	0.75m	持续提升空间分辨率、增加成像时间，协同组网观测
中国	珠海一号 OVS-1A/1B	2017	太阳同步轨道	1.98m	全彩视频
中国	珠海一号 OVS-2	2018	太阳同步轨道	0.9m	全彩视频
中国	千乘一号 01	2019	太阳同步轨道	2m	全彩视频
美国	SkySat-1	2013	太阳同步轨道	0.86m	全球首颗全色高分辨率视频卫星
美国	SkySat-2	2014	太阳同步轨道	0.86m	全色高分辨率视频卫星
美国	SkySat-3～SkySat-15	2016～2020	太阳同步轨道	0.65m	组成 SkySat 星座，6～7 次重访
美国	SkySat-16～SkySat-21	2018～2020	非太阳同步轨道	0.57m	组成 SkySat 星座，6～7 次重访
加拿大	Iris（UrtheCast）	2014	低地球轨道	1m	90s 高清全彩视频

卫星视频相对于一般卫星静态影像而言，其优点主要体现在一定的时间内获取了同一区域时序上的多幅连续影像数据，相比于瞬时曝光在时间维度上的信息更为丰富，为卫星应用的拓展和延伸提供了基础信息保障。例如，利用卫星视频的高冗余性，通过超分辨率重建技术，实现空间分辨率和影像质量的提升；利用前后帧间数据的耦合性，获得目标地物的静态、动态信息，诸如目标位置、目标特征、目标区域地物分布情况、目标速度和加速度等，在此基础上发展出卫星视频目标检测、

目标跟踪与目标分割方法；利用不同角度拍摄的图像数据，进行多视立体匹配生成稠密的同名像点匹配结果，通过影像交会可进行精细三维重建等[5]。

2.2　吉林一号视频卫星系列及应用

2.2.1　卫星简介

吉林一号卫星星座是长光卫星技术有限公司在建的核心工程，是我国重要的光学遥感卫星星座。吉林一号卫星星座建设将分为两个阶段：第一阶段实现 60 颗卫星在轨组网，具备全球热点地区 30 分钟内重访能力，每天可观测全世界范围内 800多个目标区域；第二阶段实现 138 颗涵盖高分辨、大幅宽、视频、多光谱等系列的高性能光学遥感卫星在轨组网，具备全球任意地点 10 分钟内重访能力；可为农林生产、环境监测、智慧城市、地理测绘、土地规划等领域提供高质量遥感信息和产品服务[1]。

截至 2022 年 8 月，吉林一号卫星工程共发射 21 次，在轨卫星数量 70 颗，其中视频卫星 12 颗，一星多用、一星复用的视频卫星最大限度发挥了遥感卫星的使用效能。卫星凝视视频成像和多星组网提高了视频卫星时间分辨率，改变了传统静态遥感认知地物的方式；持续改进地面快速接收和处理能力，缩短视频响应时间，快速接入视频卫星动态变化信息有助于扩展视频卫星的应用场景。吉林一号卫星工程共包括 12 颗在轨视频卫星（灵巧验证星、灵巧视频 01～08 星、高分 03C 01～03 视频星），均是长光卫星自主研制生产的高分辨率遥感视频卫星，相关卫星技术参数如表 2-2 所示。

表 2-2　吉林一号视频卫星统计表

卫星名称	发射年份	成像模式	连续成像时长	空间分辨率	幅宽
灵巧视频 01/02 星	2015	凝视视频	90s	1.13m	4.6km×3.4km
灵巧验证星	2015	推扫成像 凝视视频 灵巧成像 立体成像	—	4.7m	9.6km
灵巧视频 03 星	2017	凝视视频 夜光成像 立体成像 空间目标成像	120s	0.92m	11km×4.5km
灵巧视频 04～06 星	2017	凝视视频 推扫成像 夜光成像 立体成像 空间目标成像	120s	1m	19km×4.5km

续表

卫星名称	发射年份	成像模式	连续成像时长	空间分辨率	幅宽
灵巧视频 07/08 星	2018	凝视视频 推扫成像 夜光成像 立体成像 空间目标成像	120s	1m	19km×4.5km
高分 03C 01～03 视频星	2020	凝视视频	—	1.2m	14.4km×6km

2015 年 10 月 7 日，由长光卫星技术有限公司自主研发的吉林一号一箭四星包括 1 颗光学 A 星、1 颗灵巧验证星以及 2 颗灵巧视频星（01/02 星）。灵巧验证星主要作用是为卫星技术发展提供技术积累，已完成多种成像技术及国产高灵敏度 CMOS芯片验证。灵巧视频 01/02 星运行状况良好，具备获取 4K 高清彩色视频影像能力，是国内首个能够拍摄全彩色高清视频的卫星，能对目标进行一段时间内的实时动态监测，并可根据需求迅速调整观测区域和重点，可以获取 4.6km×3.4km 幅宽、1.13m 分辨率、时长 90s 的彩色动态视频。图 2-1～图 2-3 展示了吉林一号视频卫星拍摄的视频帧。

图 2-1　吉林一号视频 01/02 星 2018 年 7 月 8 日拍摄的墨西哥杜兰戈地区的一帧图像

2017 年 1 月 9 日，吉林一号视频 03 星（林业一号卫星）成功发射。视频 03 星是世界首颗米级彩色夜光成像卫星，具有专业级的图像质量、多种成像模式、高敏捷机动性能和高集成电子系统，可以获取 11km×4.5km 幅宽、0.92m 分辨率、时长 120s 的彩色动态视频。

图 2-2　吉林一号视频 03 星 2017 年 4 月 8 日拍摄的葡萄牙里斯本地区的一帧图像

2017 年 11 月 21 日，吉林一号视频 04～06 星(159 吉林一号卫星星座)在太原卫星发射中心用长征六号运载火箭成功发射。2018 年 1 月 19 日，吉林一号视频 07 星(德清一号)、吉林一号视频 08 星(林业二号)在酒泉卫星发射中心用长征十一号运载火箭成功发射。吉林一号视频 04～08 星采用一体化设计，充分继承了视频 03 星成熟单机及技术状态，在具备面阵视频、夜光成像的同时，兼容了长条带推扫成像功能，可获得全色分辨率 0.92m、多光谱分辨率 3.68m 的推扫影像。

图 2-3　吉林一号视频 04 星 2018 年 5 月 5 日拍摄的莫尔多瓦竞技场的一帧图像

2020 年 9 月 15 日，吉林一号高分 03 系列卫星以"一箭九星"的方式成功发射。其中，高分 03C 01～03 星为 3 颗视频卫星，其中 2 颗命名为"哔哩哔哩视频卫星"、"央视频号"。该系列卫星充分继承了"吉林一号"高分 03A 星成熟单机及技术基础，通过采用高分辨率、超轻量化、低成本相机等创新技术，具有低成本、低功耗、低重量、高分辨的特点，可以获取 14.4km×6km 幅宽、1.2m 分辨率的彩色动态视频。

2.2.2　视频卫星应用案例

1) 多目标动态监测

利用吉林一号高分辨率卫星视频实现对视频内所有动态目标进行检测，获取其地理位置和语义特征；并对视频内的多个动目标进行同时跟踪，对其运动目标、运动方向、运动轨迹等动态信息进行提取和分析，支持生成目标视频和热力图[6]，如图 2-4 所示。

图 2-4　吉林一号卫星视频多目标动态监测热力图[6]

2) 交通流量统计分析

利用吉林一号视频卫星实时传回的视频数据，自动对视频中的运动车辆进行检测、跟踪与定位，根据检测结果生成交通热力图、交通流量统计图以及运动车辆态势分析视频，从而实现对路况信息、车流量信息的智能化分析，减少人力成本，实现智能交通系统[6]，如图 2-5 所示。

3) 智慧缉私

利用卫星影像对指定地区边境沿线进行长时间序列的动态跟踪和变化提取，发现异常变化特征，通过海关行业先验信息(海关关卡)对所有码头、港口相连的道路

图 2-5　吉林一号卫星视频交通流量统计分析[6]

进行排查，通过排查变化信息形成异常目标库；对港口区域周围可疑舰船进行监测[6]，如图 2-6 所示。

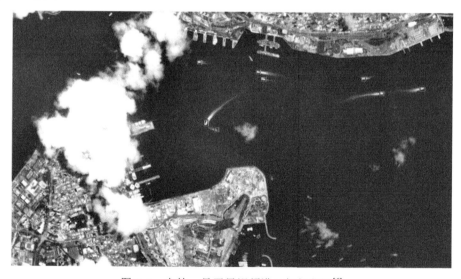

图 2-6　吉林一号卫星视频港口舰船监测[6]

4）超分辨率重建

利用视频多帧影像数据进行超分辨率重建和增强处理，实现空间分辨率和影像质量的提升，得到质量更优、信息更丰富的影像[5]，如图 2-7 所示。

5）三维模型自动构建

通过对卫星视频进行绝对定向和稳像处理，利用多视立体匹配提高匹配成功率，

(a) 吉林一号视频卫星原始单帧(局部)　　(b) 吉林一号视频卫星超分辨率重建后单帧(局部)

图 2-7　吉林一号视频卫星影像超分辨率重建[5]

生成稠密的同名像点匹配结果，通过影像的交会形成数字表面模型，形成的产品网格精度和高程中误差精度优于传统方法[5]，如图 2-8 所示。

(a) 吉林一号视频卫星影像单帧及数字表面模型　　(b) 影像单帧及数字表面模型建筑局部

图 2-8　吉林一号视频卫星影像三维模型自动构建[5]

2.3　珠海一号视频卫星系列及应用

2.3.1　卫星简介

珠海一号卫星星座是由珠海欧比特宇航科技股份有限公司发射并运营的商业遥感微纳卫星星座[2]，2017 年 6 月 15 日，首发珠海一号 01 组 2 颗 OVS-1 视频试验卫星（OVS-1A、OVS-1B）成功发射。2018 年 4 月 26 日，珠海一号 02 组的 1 颗 OVS-2 视频卫星成功送入预定轨道。2019 年 9 月 19 日，珠海一号 03 组的 1 颗 OVS-3 视频卫星在酒泉卫星发射中心采取"一箭五星"的方式成功发射。珠海一号视频卫星如图 2-9 所示。

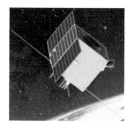　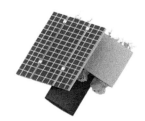

(a) OVS-1 视频卫星　　　　　　　　(b) OVS-2 视频卫星

图 2-9　珠海一号视频卫星示意图

珠海一号卫星星座目前共发射 4 颗视频卫星（2 颗 OVS-1 视频试验卫星，OVS-2、OVS-3 视频卫星），相关参数如表 2-3 所示。

表 2-3　珠海一号视频卫星统计表

卫星名称	发射年份	成像模式	视频帧频	连续成像时长	空间分辨率	幅宽	轨道高度
OVS-1 视频试验卫星	2017	凝视条带	20FPS	90s	1.98m	8.1km×6.1km	530km
OVS-2 视频卫星	2018	凝视推扫	25FPS	120s	0.9m	4.5km×2.7km	500km
OVS-3 视频卫星	2019	凝视推扫	25FPS	120s	0.9m	4.5km×2.7km	500km

OVS-1 视频试验卫星是珠海一号微纳卫星星座首发的 2 颗卫星，具有姿态指向及控制精度高、机动能力强的特点[2]。卫星质量 50kg，运行于 43°圆轨道、轨道高度 530km，2 颗卫星均配套 1200 万像素的 CMOS 传感器视频相机，支持凝视视频与条带成像的成像方式，空间分辨率为 1.98m，视频成像范围为 8.1km×6.1km，视频帧频为 20FPS，视频时长最长为 90s，数传速率为 80Mbps，在轨寿命优于 3 年。图 2-10 展示了珠海一号卫星所拍摄视频中的一帧。

OVS-2/3 视频卫星质量 70～90kg，运行于 90°太阳同步轨道、轨道高度 500km，

图 2-10　OVS-1B 2017 年 6 月 17 日拍摄的法国马赛港地区的一帧图像[7]

采用单面阵 Bayer 模板成像，采用凝视视频与常规推扫的成像方式，空间分辨率为
0.9m，视频成像范围为 4.5km×2.7km，视频帧频为 25FPS，视频时长最长为 120s，
数传速率为 300Mbps，在轨寿命优于 5 年。

2.3.2　视频卫星应用案例

珠海一号遥感数据服务平台[8]是基于遥感行业的应用服务平台，针对国土、
环境、农业、林业等行业提供解决方案及应用服务。同时针对区域提供遥感监
测服务，主要有地面覆盖、海洋和近地表状况等，提供污染事故调查、生态环
境调查监测等服务。图 2-11 展示了珠海一号遥感数据服务平台的页面。

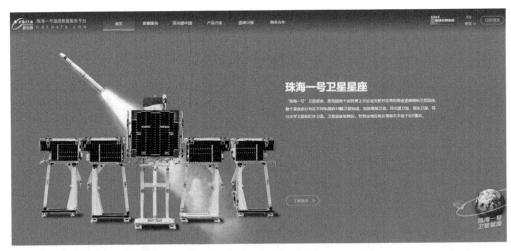

图 2-11　珠海一号遥感数据服务平台

2.4　SkySat 系列视频卫星及应用

2.4.1　卫星简介

SkySat 卫星系列是美国 Planet 公司发展的高频成像对地观测小卫星星座，主要用于获取时序图像、制作视频产品，并服务于高分辨率遥感大数据应用。

2013 年 11 月 21 日，美国发射了世界上首颗亚米级视频卫星 SkySat-1；2014 年 7 月 8 日，发射了第二颗视频卫星 SkySat-2；2016 年 9 月 16 日，SkySat-4～SkySat-7 发射；2017 年 10 月 31 日，SkySat-8～SkySat-13 发射；2018 年 12 月 3 日，SkySat-14、SkySat-15 发射；2020 年 6 月 13 日，SkySat-16～SkySat-18 通过 SpaceX 猎鹰 6 号火箭小型行星共享发射服务发射升空；2020 年 8 月 18 日，SkySat-19～SkySat-21 发射，至此完成了 SkySat 视频卫星星座组网建设[9]。SkySat 视频卫星星座在轨运行示意图如图 2-12 所示。

SkySat 卫星数据广泛应用于监控、电信、土地用途及规划、基础设施规划、环境评估、海洋研究、制图/测量、土木工程、公用走廊映射、自然资源、采矿及勘探、石油和天然气、旅游、农业等领域。

图 2-12　SkySat 视频卫星星座在轨运行示意图

2013～2020 年，SkySat 卫星星座共发射 21 颗(SkySat-1～SkySat-21)，已建成 SkySat 视频卫星星座组网，具备了对目标每天 7～12 次的重访能力。SkySat 系列卫星外形尺寸为 0.6m×0.6m×0.95m，均具有视频和静态图像成像两种工作模式，可提供全色图像和多光谱图像，向地面传送 90s 长的 30FPS 的视频。

SkySat-1 与 SkySat-2 运行于太阳同步轨道，全色空间分辨率为 0.86m；SkySat-3～SkySat-15 运行于太阳同步轨道，全色空间分辨为 0.65m；SkySat-16～SkySat-21 运行于非太阳同步轨道，全色空间分辨率为 0.57m。

2.4.2　视频卫星应用案例

1) 目标实时监测

基于 SkySat 视频卫星高时间分辨率、高空间分辨率的特点，可对特定目标进行实时监测，从而对特定目标的活动情况进行分析预测，在商业情报信息、公共安全、区域安防等高时效性要求领域具有广泛的应用前景。

2) 交通监控

SkySat 视频卫星具有亚米级高分辨率视频成像能力，可以清晰发现地面运行的车辆，有利于对城市范围内比较集中的道路交叉口进行交通监测，及时反映各区域的交通状况，以便动态调整各路口车流量。

2.5　国际空间站 UrtheCast 视频及应用

2.5.1　卫星简介

2014 年，UrtheCast 公司与俄罗斯的能源火箭航天集团 RSC Energia 合作，依托国际空间站 (International Space Station，ISS)，在其上安装了两台相机，成为了世界上首个实时、高分辨率的地球视频提供源。UrtheCast 允许全世界的用户在线访问两台相机，以实时查看所关注的地点或事件。

UrtheCast 系统中的两台相机由隶属于英国科学技术设施委员会/卢瑟福阿普尔顿实验室的 RAL Space 设计，它们由一个中分辨率相机 (Medium Resolution Camera，MRC) Theia 和一个高分辨率相机 (High Resolution Camera，HRC) Iris 组成。Theia 以约 6m 的分辨率在约 50km 的范围内连续拍摄地球静态图像；Iris 拍摄视频，其空间分辨率为 1m [10]。图 2-13 和图 2-14 为 UrtheCast 中相机的安装示意图。

UrtheCast 的二代地球观测系统包含一个高分辨率的双模态 (推扫和视频) 光学相机和一个双波段合成孔径雷达 (Synthetic Aperture Radar，SAR) 设备 [10]，是 UrtheCast 第一代地球观测系统的补充。二代系统可以比一代系统更充分地利用每个仪器的优势，具有更强大的数据开发能力。UrtheCast 的二代地球观测系统将为环境监测、能源和自然资源管理、人道主义响应等许多应用方面提供重要的数据支持。

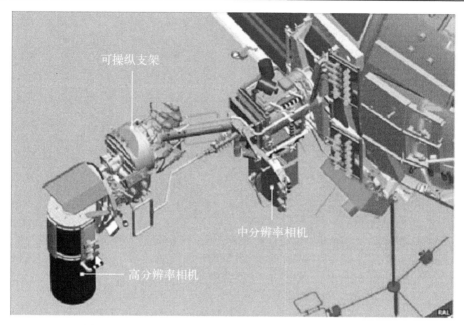

图 2-13　固定两台相机的 Zvezda 服务模块外钻机示意图

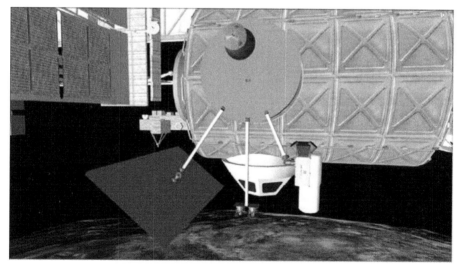

图 2-14　在国际空间站上 UrtheCast 第二代仪器的近景

2015 年 11 月，UrtheCast 转变了其二代地球观测系统的投资重点，原先已经安装在国际空间站上的双模态相机和合成孔径雷达现在被搁置[10]，图 2-15 展示了 UrtheCast 所拍摄视频中的一帧。

UrtheCast 一代地球观测系统的核心技术指标如表 2-4 所示。

图 2-15   UrtheCast 拍摄的罗多斯岛的一部分以及林多斯卫城考古遗址[10]

表 2-4   UrtheCast 一代地球观测系统的核心技术指标

卫星名称	相机	空间分辨率	视场范围	波段	连续成像时长
UrtheCast 一代地球观测系统	Theia	5m	50km（幅宽）	R、G、B、NIR	—
	Iris	1m	3.8km×2.2km（UHD） 1.9km×1.1km（HD）	R、G、B	～60s

2.5.2   视频卫星应用案例

地面场景建模：在 UrtheCast 的第二代地球观测系统中，SAR 数据和光学数据在不同来源提取的信息方面是高度互补的。SAR 数据可以支持光学数据无法确定的关于场景的材料分类、湿度、结构、纹理和粗糙度信息，它同时还可以根据植物和树木的极化信息来帮助区分植物和树木类型，SAR 的干涉测量产品也可以用于测量地球表面的微小变化。而光学数据则可以提供 SAR 数据中所不具备的场景的特征分类信息。同时，由于视频传感器提供的三维表面模型和运动矢量信息，添加由视频传感器获得的图像时间序列可以更深入地了解图像拍摄的场景。UrtheCast 将光学图像、SAR 图像和干涉测量信息、三维表面模型、运动矢量产品融合，扩大了图像和视频应用的精度和范围，消除了各种无法解释的误差源，例如，在林业生物量的估算中，不同波段的 SAR 传感器融合可以测量出准确的林分高度；推扫传感器用于执行光谱分类，可以确定树种和林分密度；视频传感器用于构建场景的三维表面模型，并校正中间结果中的任何错误。

2.6　Surrey Carbonite 系列视频卫星及应用

2.6.1　卫星简介

2015 年，英国的 Surrey 公司发射了 Carbonite 1 号卫星，该卫星是一款原型卫星，在离地面 500km 的轨道上运行，其上携带的成像仪视场范围为 1m，幅宽为 5km，可以提供 15s 的高清视频片段[11]，图 2-16 展示了 Carbonite 1 号的外观。

图 2-16　Carbonite 1 号外观

2018 年，Surrey 公司发射了 Carbonite 2 号卫星，同样执行地球观测技术演示任务，它是 Carbonite 1 号卫星的延续和扩展，展示了一种低成本的轨道视频方案，提供 1.2m 分辨率的图像和彩色高清视频片段[11]，图 2-17 为 Carbonite 2 号卫星示意图。

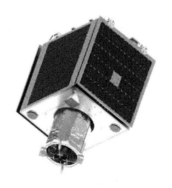

图 2-17　Carbonite 2 号卫星示意图

Carbonite 2 号卫星相较于 Carbonite 1 号卫星，做了以下改进[12]：

（1）通过增加星象仪改进了地理位置确定模块；

（2）改进了望远镜和成像仪的设计；

（3）通过两个可部署的太阳能电池阵列、更大的内存容量和新的数据下行链路，将数据容量提高了 16 倍。

Carbonite 卫星的技术指标如表 2-5 所示。

表 2-5　Carbonite 卫星的技术指标

卫星名称	空间分辨率	视场范围	帧率	连续成像时长
Carbonite 1 号卫星	1m	—	—	15s
Carbonite 2 号卫星	1.2m	5.9km×5.9km	<25FPS	120s

2.6.2　视频卫星应用案例

Carbonite 系列卫星通过降低新的商业模式的进入成本（包括超级星座的部署）来使得其具有很高的实用性，同时对视频功能的增加使得持续监控区域热点以进行变化检测成为可能。通过减少每个卫星的成本，合理规划它们的运行时间，Carbonite 系列卫星可以实现特定地球位置在一天时间内的二次访问。在 Surrey 公司的未来规划里，将实现更低成本和一天时间内更高次数的重访。随着发射卫星数量的增多，以及一天时间内多次访问的实现，对热点区域将实现持续无间断监控，从而达到场景动态监测的目的。图 2-18 为 Carbonite 卫星应用的一个示例。

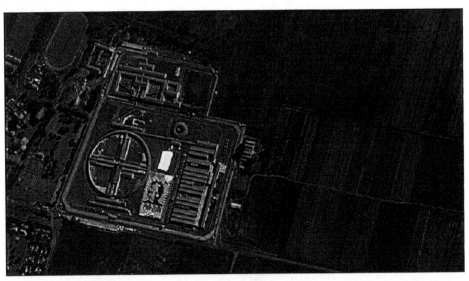

图 2-18　2018 年 4 月 4 日，Carbonite 2 号卫星拍摄了一幅庆祝纳尔逊·曼德拉生平的大型壁画的全彩色视频片段，它由许多单独的毯子缝合在一起制成，在太空中清晰可见

2.7　DarkCarb 系列视频卫星及应用

2.7.1　卫星简介

DarkCarb 卫星由英国 Surrey 公司开发,从低地球轨道(Low Earth Orbit,LEO)获取高分辨率中波红外(Mid Wave Infrared,MWIR)图像和视频,该卫星开创了小型且功能强大的卫星平台红外性能先例,它的 MWIR 影像与可见光影像相比,具有多项优势,包括能够在任何照明条件下对昼夜进行成像,通过比较静止目标的温度变化来提供额外的时间信息,以及使用温度信息来监测可见光传感器不能观测到的物体[13]。图 2-19 为 DarkCarb 卫星示意图。

图 2-19　DarkCarb 卫星示意图

DarkCarb 卫星的核心技术指标如表 2-6 所示[13]。

表 2-6　DarkCarb 卫星的核心技术指标

卫星名称	空间分辨率	视场范围	带宽
DarkCarb 卫星	3.5m	3.5km×4.4km	MWIR 3.7～5.0

2.7.2　视频卫星应用案例

由于 DarkCarb 卫星拍摄的是红外视频和图像,所以它具有根据物体表面不同温度和放射率区分不同物体的能力；同时它提供了传统可见光图像的补充信息，将成像时间扩展到夜间，并且不会受到照明条件的限制，可以 24 小时无间断拍摄高质量的影像[14]。

红外视频和图像可以帮助检测排放大量热量的建筑物和设施，因此 DarkCarb 卫星可以在城市地区的热岛效应监测中提供实用性，它可以用于检测废物和污染泄漏或者污水处理厂和发电厂的排放，还可以支持山火、火山爆发等灾难的救助工作。

与传统的 MWIR 图像相比，DarkCarb 卫星的视频生成功能增加了独特的优势，它可以检测场景中的高动态特征，例如，三维轮廓、运动跟踪和速度测量，这些特征可以用于与人类活动相关的一系列应用，包括国防安全和灾难监测。

DarkCarb 卫星已经通过了飞行试验，在 2400m 的高空从轻型飞机向下拍摄地面视频和图像[14]。在飞行试验中，所有的图像和视频都在夜间拍摄的，图 2-20 是从以 25FPS 拍摄的样本中选择的。图像中的暗区域温度较低，或放射率很低，明亮区域温度较高，或具有相对较高的放射率。对图像进行处理，可以突出场景中温度较低区域的细节以进行视觉解释。从图 2-20 中可以清晰地看到炼油厂中排放大量热量的部分。

图 2-20　英国埃尔斯米尔港斯坦洛炼油厂

参 考 文 献

[1] 刘洁, 于洋. 商业遥感卫星及应用发展态势. 中国航天, 2022, (8): 24-30.

[2] Gómez C, White J C, Wulder M A. Optical remotely sensed time series data for land cover classification: a review. ISPRS Journal of Photogrammetry and Remote Sensing, 2016, 116: 55-72.

[3] 朱厉洪, 回征, 任德锋, 等. 视频成像卫星发展现状与启示. 卫星应用, 2015, (10): 23-28.

[4] 吉林一号. https://zh.wikipedia.org/zh-hans/%E5%90%89%E6%9E%97%E4%B8%80%E5%8F%B7, 2023.

[5] 李贝贝, 韩冰, 田甜, 等. 吉林一号视频卫星应用现状与未来发展. 卫星应用, 2018, (3): 23-27.

[6] 吉林一号. http://jl1mall.com/SatelliteImagery/SatVideo, 2024.

[7] 珠海欧比特宇航科技股份有限公司. https://www.myorbita.net/ywbk/info_16.aspx?itemid=13929&lcid=246&ppid=5&pid=79, 2024.

[8] 珠海欧比特宇航科技股份有限公司. 欧比特珠海一号遥感数据服务平台. https://www.obtdata.com/#/index, 2024.

[9] 珠海一号卫星星座. https://www.obtdata.com/#/zhuHai01, 2024.

[10] ISS: UrtheCast. https://www.eoportal.org/satellite-missions/iss-urthecast, 2014.

[11] Space Portfolio - SSTL Launched Missions. https://www.sstl.co.uk/space-portfolio/launched-missions, 2020.

[12] Carbonite. https://www.eoportal.org/satellite-missions/carbonite, 2018.

[13] DarkCarb. https://www.eoportal.org/satellite-missions/darkcarb, 2021.

[14] SSTL Signs Contract with Satellite for Mid Wave Infra-Red Satellite. https://www.sstl.co.uk/media-hub/latest-news/2021/sstl-signs-contract-with-satellite-vu-for-mid-wave-infra-red-sa-tellite, 2024.

第 3 章 卫星视频数据集

3.1 概　　述

中国科学院空间应用工程与技术中心于 2023 年在 *IEEE Transactions on Geoscience and Remote Sensing* 上发表了面向卫星视频目标检测、目标跟踪、目标分割等多个任务于一体的数据集 SAT-MTB[1]，该数据集由吉林一号卫星拍摄的 249 段场景内容丰富的高分辨率视频构成，定义了 4 类粗粒度、14 类细粒度目标类别，在相同的数据条件下逐帧标注了水平框、旋转框、掩膜等多类型目标真值，具有细粒度、旋转框、多任务等鲜明特色和数据优势，支持开展围绕卫星视频数据的各类视觉任务的算法研究与评测。

SAT-MTB 数据集中的视频采集自吉林一号系列卫星中视频 03 星在 2017～2021 年于中国、美国、墨西哥、法国、意大利、西班牙、澳大利亚、日本、土耳其、印度、泰国、沙特、阿联酋等不同国家和地区拍摄获取的凝视数据，所有的时序图像帧均为真彩色，对应光谱通道分别为 B1：580～723nm，B2：489～585nm，B3：437～512nm，空间分辨率为 0.92m，单幅标准景影像覆盖范围为 11km×4.6km，视频的帧率为 10FPS。

SAT-MTB 数据集中的视频记录了不同光照条件、不同天气下的机场、港口、道路、桥梁、火车站、湖泊等地物场景的时序帧，其视场中存在高速运动、缓慢移动、转弯、静止、遮挡、进/出视场等不同状态的飞机、舰船、车辆、火车等典型目标。SAT-MTB 不重叠地裁切了原始数据中几乎所有适合视觉任务的场景区域，涵盖了尽可能多的目标实例，是一个大规模的卫星视频多任务数据集，且数据集中每一个场景区域内都包含了多样和丰富的目标类型及目标运动状态。数据集的视频帧示例如图 3-1 所示。

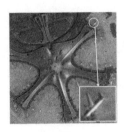 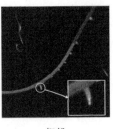 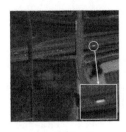 

飞机　　　　　　　　舰船　　　　　　　　车辆　　　　　　　　火车

图 3-1　包含飞机、舰船、车辆和火车的视频帧示例

根据数据集中目标的外观、运动特点、类内可分性和常见的目标类间划分原则，SAT-MTB 构建了两级目标类别体系，其中一级粗粒度类别共 4 类：飞机、舰船、车辆和火车，在一级目标类别基础上，进一步划分 14 个二级细粒度类别，其中飞机类型细分为：宽体客机（Wide-bodied Aircraft，WA）、窄体客机（Narrow-bodied Aircraft，NA）、后置引擎机（Rear-engine Aircraft，RA）、四引擎机（Four-engine Aircraft，FA）、公务机（Corporate Aircraft，CA）；舰船类型细分为：快艇（Speed Boat，SB）、游艇（Yacht，YH）、游轮（Cruise，CS）、货轮（Freighter，FH）、舰艇（Naval Vessels，NV）、其他船（Other Ship，OS）；由于车辆仅能根据尺度信息进行类别区别，故该目标细分为大车、小车；由于条形状火车特征的不显著性和类别区分度弱，该目标一、二级类别相同，所有标注文件中各实例对应的类别标签均同时包含两级类别信息。细粒度标签目标类别如图 3-2 所示。

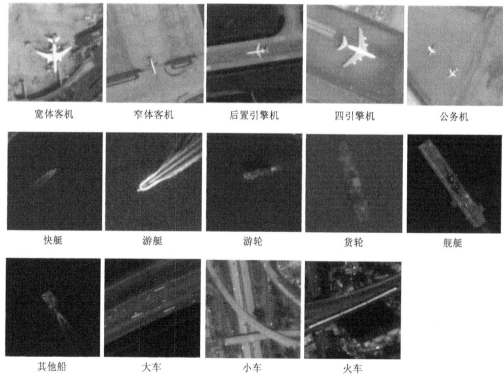

宽体客机　　　　窄体客机　　　　后置引擎机　　　　四引擎机　　　　公务机

快艇　　　　游艇　　　　游轮　　　　货轮　　　　舰艇

其他船　　　　大车　　　　小车　　　　火车

图 3-2　细粒度标签目标类别示例

如图 3-3 所示，数据集中包含卫星视频中的各类困难和挑战，分别为云遮挡、亮度变化、目标旋转、部分遮挡、相似目标、尺寸变化和形变等。

云遮挡：云层可能会覆盖卫星图像中的地面区域，导致无法观察到地面的实际情况。这会影响图像的清晰度和分析的准确性。

亮度变化：由于太阳角度、大气条件或卫星传感器的不同，卫星图像的亮度可能会有显著变化。亮度的不一致可能会影响图像处理算法的性能，尤其是在目标检测和跟踪方面。

目标旋转：在卫星视频中，地面目标可能会因为地形或自身运动而发生旋转，这使得目标的形状和外观在不同帧中发生变化，增加了识别和跟踪的难度。

部分遮挡：目标可能被其他物体部分遮挡，如建筑物、树木或其他自然或人造结构。部分遮挡会减少可用于分析的目标信息，影响识别的准确性。

相似目标：在某些情况下，不同的目标可能在外观上非常相似，这会导致误识别或难以区分。例如，不同类型的车辆或飞机可能在卫星图像中看起来非常相似。

尺寸变化：卫星图像中的目标可能因为距离、角度或缩放的不同而表现出不同的尺寸。尺寸的变化会影响目标检测算法的灵敏度和准确性。

形变：目标可能会因为视角变化、地形起伏或其他因素而发生形变。形变会影响目标的几何特征，使得基于形状的识别变得更加困难。

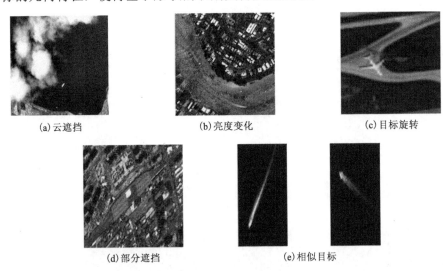

(a)云遮挡 (b)亮度变化 (c)目标旋转

(d)部分遮挡 (e)相似目标

图 3-3　SAT-MTB 中包含的难点及挑战

3.2　卫星视频目标检测数据集

3.2.1　数据集简介

卫星视频目标检测数据集作为 SAT-MTB 数据集的子集，由作者团队于 2023 年发表在 *IEEE Transactions on Geoscience and Remote Sensing* 中[1]。在目标检测任务中,所有的视频帧均采用水平框、旋转框两种标注形式,分别使用 $(x_{\min}, y_{\min}, x_{\max}, y_{\max})$ 和 $(x_0, y_0, x_1, y_1, x_2, y_2, x_3, y_3)$ 来表示目标位置信息, 如图 3-4 所示。每帧图像使用两个标注文件保存水平框和旋转框的标注信息,每个视频中的图像帧按照时间顺序编号,不同帧间的同一个目标也有编号记录, 所有的标注信息以经典目标检测数据集 Pascal VOC[2] 标准的 xml 格式保存。在 SAT-MTB 目标检测任务数据集中,所有视频中的静态、动态目标均为感兴趣目标,但由于卫星视频中的车辆尺寸较小,适合做运动目标检测,所以 SAT-MTB 中的目标检测任务数据集不包含车辆目标。

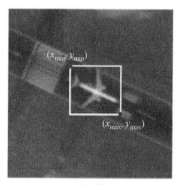

(a) 水平框

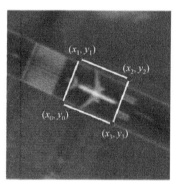

(b) 旋转框

图 3-4　目标检测标注框示例

对视频目标检测数据集信息的统计如表 3-1 所示。

表 3-1　视频目标检测数据集数量统计　　　　　　　　　(单位：个)

	旋转框				
	视频数	帧数	粗粒度目标标签数	细粒度目标标签数	目标实例数
目标检测	106	22767	3	12	211425
	水平框				
	视频数	帧数	粗粒度目标标签数	细粒度目标标签数	目标实例数
	144	33228	3	12	308240

目标检测数据集面临的困难和挑战主要包括以下几个方面:

(1)细粒度物体识别:数据集中的物体类别被细分为更细致的类别,这要求检测方法能够识别和区分外观相似的物体,增加了识别难度。

(2)小目标检测:SAT-MTB 数据集中包含了小尺寸的目标物体,这些小目标在图像中的像素较少, 难以被准确检测到,对检测方法的精度提出了更高要求。

(3)复杂背景:卫星视频的背景通常比较复杂,包括不同的地形、建筑物等,这些复杂背景可能会干扰目标的检测,使得目标检测更加困难。

3.2.2 主要评价指标

目标检测任务常用评价指标有：准确率（Accuracy）、精度（Precision）、召回率（Recall）/灵敏度（True Positive Rate，TPR）、假阳率（False Positive Rate，FPR）、F1-Score、PR 曲线、平均精度（Average Precision，AP）、ROC 曲线、AUC（Area Under Curve）、mAP（Mean Average Precision）和 FPS 等。这些指标的计算依赖于基本的指标值：TP（True Positive）、TN（True Negative）、FP（False Positive）和 FN（False Negative）、交并比（Intersection over Union，IoU），具体计算公式及含义如表 3-2 和表 3-3 所示。

表 3-2　目标检测基本指标及含义

指标名称	指标含义
TP	预测值与真实标注一样，预测值为正样本（真实标注为正样本）
TN	预测值与真实标注一样，预测值为负样本（真实标注为负样本）
FP	预测值与真实标注不一样，预测值为正样本（真实标注为负样本）
FN	预测值与真实标注不一样，预测值为负样本（真实标注为正样本）
IoU	检测结果与样本真实标注的矩形框的交集与并集的比值

表 3-3　目标检测常用评价指标及含义

指标名称	公式/说明	指标含义
准确率	$Accuracy = \dfrac{TP+TN}{TP+TN+FP+FN}$	分类正确的样本数占总样本数的比例
精度	$Precision = \dfrac{TP}{TP+FP}$	分类正确的正样本数与总的预测为正样本数的比值
召回率/灵敏度	$Recall / TPR = \dfrac{TP}{TP+FN}$	预测正确的正样本数与实际总的正样本数的比值
假阳率	$FPR = \dfrac{FP}{FP+TN}$	预测错误的负样本数与实际总的负样本数的比值
F1-Score	$F1\text{-}Score = \dfrac{2TP}{2TP+FP+FN}$	F1-Score 认为召回率和精度同等重要，它是精度和召回率的调和平均数，最大值为 1，最小值为 0
PR 曲线	横轴为召回率值，纵轴为精度值，通过设置多个阈值，得到多个召回率与精度值对，绘制为曲线	—
AP	PR 曲线下的面积	值越大，平均准确率越高
ROC 曲线	横轴为 FPR，纵轴为 TPR，通过设置不同的分类阈值，得到多组数据绘制为曲线	—
AUC	ROC 曲线下的面积	值越接近 1，模型性能越好
mAP	目标检测中所有不同类别 AP 的平均值	衡量模型在所有类别上的性能好坏
FPS	模型每秒检测的图像数量	衡量模型检测速度

3.3　卫星视频目标跟踪数据集

3.3.1　单目标跟踪数据集

3.3.1.1　数据集简介

作者团队于 2022 年在 *IEEE Transactions on Geoscience and Remote Sensing* 上发表了 SatSOT[3]卫星视频单目标跟踪数据集，它是第一个精确标注的卫星视频单目标跟踪基准数据集。SatSOT 的卫星视频来自吉林一号、Skybox 和 Carbonite 2 等 3 个商业卫星资源，它收集了包含 105 个序列、27664 帧的卫星数据，并对它们进行了高质量的标注。每个原始视频的持续时间约为 30s，帧率为 10FPS 或 25FPS。

根据目标种类，数据集包含 26 个火车目标、65 个车辆目标、9 个飞机目标与 5 个舰船目标。数据集中平均视频长度为 263 帧，其中最短的视频包含 120 帧，而最长的视频则包含 750 帧。火车、车辆、飞机和舰船等四类目标的平均边界框大小分别为 39566.3、112.4、1714.3 和 438.5。考虑到火车的尺寸更为突出，数据集中囊括了一些大型火车进一步增加了跟踪的难度。各个类别的视频序列和标注如图 3-5 所示。

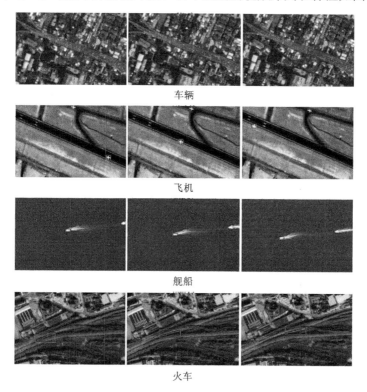

车辆

飞机

舰船

火车

图 3-5　SatSOT 数据集视频序列和相应标注示例

　　数据集包含卫星视频中的 11 类困难和挑战，分别为背景干扰、亮度变化、低质量图像、目标旋转、目标被部分遮挡、目标被完全遮挡、小尺寸目标、相似目标、背景抖动、目标尺寸变化和目标形变等，如图 3-6 所示。

　　(1)背景干扰。

　　在卫星视频分析中，背景干扰是一个常见问题。地球表面地物的复杂性，如建筑物、树木、云层等，可能会干扰目标的跟踪。特别是在目标与背景具有相似特征的情况下，这种干扰将导致较高的目标误识别或漏识别。

　　(2)亮度变化。

　　亮度变化是另一个挑战，尤其是在不同时间段或不同天气条件下拍摄的卫星视频。亮度的变化会影响图像的对比度和清晰度，使得目标检测和跟踪变得更加困难。例如，在夜间或多云条件下，目标可能会变得模糊不清。

　　(3)低质量图像。

　　卫星视频可能会受到多种因素的影响，导致图像质量下降。例如，大气散射、相机抖动、传感器噪声等都可能降低图像的清晰度和分辨率。低质量图像会严重影响目标检测、分类和跟踪的准确性。

　　(4)目标旋转。

　　目标旋转是指目标在视频中的朝向发生变化。这种变化可能会影响目标的形状和外观，使得传统的基于形状的检测方法失效。特别是在多视角和动态环境中，目标旋转会增加跟踪的复杂性。

　　(5)目标被部分遮挡。

　　部分遮挡是指目标在视频中被其他物体部分遮挡。这种遮挡会减少目标的可见特征，使得跟踪变得更加困难。例如，建筑物、桥梁、树木等可能会遮挡地面上的车辆。

　　(6)目标被完全遮挡。

　　与部分遮挡类似，完全遮挡是指目标在视频中被完全遮挡，无法被直接观察到。这会导致目标在一段时间内从视频中消失，增加了目标跟踪和行为分析的难度。

　　(7)小尺寸目标。

　　小尺寸目标是在视频中占据较小像素区域的目标。由于其尺寸小，小目标难以被跟踪，尤其是在背景复杂或图像质量较低的情况下。小目标的检测和跟踪需要更精细的特征提取和分析方法。

　　(8)相似目标。

　　在卫星视频中，可能存在外观相似的目标，如不同类型的车辆或建筑物。类似目标的区分和识别是一个挑战，因为它们可能共享许多相似的特征，使得跟踪过程中的分类和识别变得更加困难。

　　(9)背景抖动。

　　背景抖动是指背景在视频中的随机变化，如由于大风引起的树木摆动或水面波动。这种抖动可能会影响目标的稳定性，使得目标检测和跟踪变得复杂。背景抖动还可能导致误检测，将背景变化误认为是目标移动。

（10）目标尺寸变化。

目标尺寸变化是指目标在视频中的大小发生变化。这种变化可能是由目标的实际移动或视角变化引起的。尺寸变化会影响目标的特征提取和识别，尤其是在使用基于尺寸的检测方法时。

（11）目标形变。

目标形变是指目标在视频中的形状发生变化。这种变化可能是由目标的实际形变（如柔性物体）或视角变化引起的。形变会影响目标的外观和特征，使得传统的基于形状的检测方法失效。

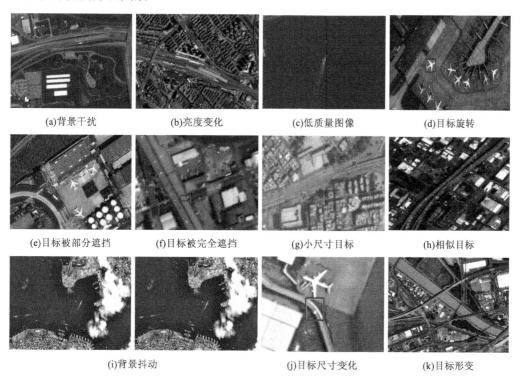

(a)背景干扰　　　　　(b)亮度变化　　　　　(c)低质量图像　　　　　(d)目标旋转

(e)目标被部分遮挡　　　(f)目标被完全遮挡　　　(g)小尺寸目标　　　　　(h)相似目标

(i)背景抖动　　　　　　　　　(j)目标尺寸变化　　　　　(k)目标形变

图 3-6　SatSOT 中包含的困难和挑战

3.3.1.2　主要评价指标

单目标跟踪任务评价指标通常参考 OTB[4]基准的评价指标和 VOT[5]基准的评价指标，如表 3-4 和表 3-5 所示。

表 3-4　OTB 基准的评价指标

指标名称	说明
精度图	预测的位置中心点与数据集中标注的中心位置间的欧氏距离,是以像素为单位计算的结果
成功率图	跟踪成功的帧数占视频总帧数的比例随跟踪成功判定阈值的变化曲线

表 3-5　VOT 基准的评价指标

指标名称	说明
平均重叠期望	对每个跟踪器在一个短时图像序列上的非重置重叠的期望值,是 VOT 评估跟踪算法精度的最重要指标
准确率	跟踪器在单个测试序列下的平均重叠率,两矩形框的相交部分面积除以两矩形框的相并部分面积
鲁棒性	单个测试序列下的跟踪器失败次数,当重叠率为 0 时即可判定为失败

3.3.2　多目标跟踪数据集

3.3.2.1　数据集简介

多目标跟踪数据集作为 SAT-MTB 数据集的子集,由作者团队在 2023 年发表于 *IEEE Transactions on Geoscience and Remote Sensing* 中[1]。多目标跟踪任务中,标注了 4 个粗粒度类别、14 个细粒度类别的目标类型,采用水平框和旋转框标注目标,并将所有的标注信息保存于对应的 txt 文件中,每帧图像对应一个标注文件,具体标注信息形式为:记录对应帧在视频中的序列号、目标的编号、左上角 x 坐标、左上角 y 坐标、标注框宽度、标注框高度、得分、粗粒度类别、细粒度类别、目标是否截断、目标是否遮挡等信息。与目标检测任务不同的是,目标跟踪任务的感兴趣目标均为运动目标,静止的目标在该部分数据集中未标注。标注的可视化示例如图 3-7 所示。

图 3-7　目标跟踪标注结果可视化示例(黄色：小车；蓝色：大车)

对多目标跟踪数据集信息的统计如表 3-6 所示。

表 3-6　多目标跟踪数据集数量统计　　　　　　　　(单位：个)

		旋转框		
	视频数	帧数	粗粒度目标标签数	细粒度目标标签数	目标实例数
目标跟踪	106	22767	3	12	205959
		水平框		
	视频数	帧数	粗粒度目标标签数	细粒度目标标签数	目标实例数
	249	50046	4	14	1033511

多目标跟踪数据集面临的困难和挑战主要包括以下几个方面：

(1)密集小目标跟踪：卫星视频通常包含大量的小尺寸目标，如车辆和舰船，它们在图像中的像素较少，难以被准确检测和跟踪。

(2)复杂背景：由于卫星视频背景的复杂性，包括不同的地形和建筑物，这增加了多目标跟踪的难度，需要算法能够有效地从复杂背景中区分并跟踪目标。

(3)帧间运动相关性：在多目标跟踪中，考虑帧间的运动相关性对于提高跟踪的连贯性和准确性至关重要，需要算法能够捕捉并利用这种相关性。

(4)多尺度特征增强：为了有效跟踪不同尺寸的目标，算法需要能够处理多尺度的特征，以克服由于尺度变化带来的跟踪难题。

(5)特征融合表示能力：多目标跟踪算法需要有效地融合来自不同模块的特征信息，以提高跟踪的准确性和鲁棒性。

3.3.2.2　主要评价指标

多目标跟踪的指标主要有多目标跟踪准确度(Multiple Object Tracking Accuracy，MOTA)和 IDF1 值(Identification F1-Score)等，具体指标及定义如表 3-7 和表 3-8 所示。

表 3-7　多目标跟踪基本指标

指标名称	指标含义
IDP	识别目标 ID 的准确率
IDR	识别目标 ID 的召回率
IDSW	真值所分配的目标 ID 发生变化的次数
FP	当前帧预测和真实值未匹配，将错误预测的总数称为 FP
FN	当前帧预测和真实值未匹配，将未被匹配的真实值总数称为 FN
FAF	每帧的平均误报警数
Frag	轨迹碎片化(即在跟踪过程中中断)的总次数
IDTP	目标正确匹配的数量
IDFP	目标错误匹配的数量
IDFN	漏检的目标数量

表 3-8　多目标跟踪评价指标

指标名称	计算公式	说明
MOTA	$1-\dfrac{\sum(FN+FP+IDSW)}{\sum Ground\ Truth}$	衡量跟踪识别目标和保持一致性的能力，是 1 与漏检率、误检率、错误匹配率总和的差值
IDF1	$\dfrac{2IDTP}{2IDTP+IDFP+IDFN}$	衡量目标 ID 信息的准确性，正确识别的检测个数与真实平均数和计算检测数的比值
MT（Mostly Tracked）	—	满足真值至少在 80%的时间内都匹配成功的目标在所有跟踪目标中所占的比例
ML（Mostly Lost）	—	满足真值在小于 20%的时间内匹配成功的目标在所有跟踪目标中所占的比例

3.4　卫星视频目标分割数据集

3.4.1　单目标分割数据集

3.4.1.1　数据集简介

作者团队于 2024 年发布了 SAT-MTB-SOS[6]数据集，如图 3-8 所示。这是一个用于卫星视频单目标分割的逐帧和像素级标注数据集，其标注示例如图 3-9 所示。SAT-MTB-SOS 包含 114 个高质量的视频序列，总计 13500 帧，涵盖了卫星视频中的 5 类典型目标：飞机、火车、车辆、船舶和建筑物。SAT-MTB-SOS 包括各种视频目标分割挑战，如遮挡、运动模糊和非刚性变化，并对 15 种具有代表性的视频目标分割算法进行了详细的评价和分析，为进一步研究卫星视频目标分割奠定了基础。

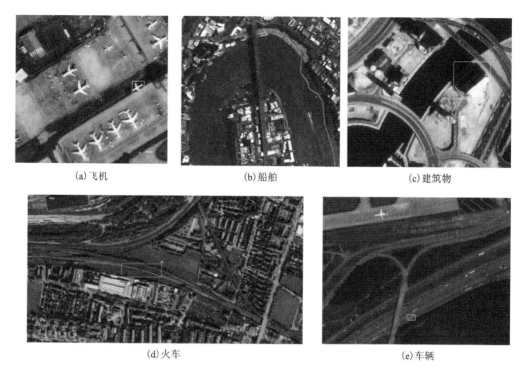

(a)飞机   (b)船舶   (c)建筑物

(d)火车   (e)车辆

图 3-8   SAT-MTB-SOS 中包含五类典型目标示例

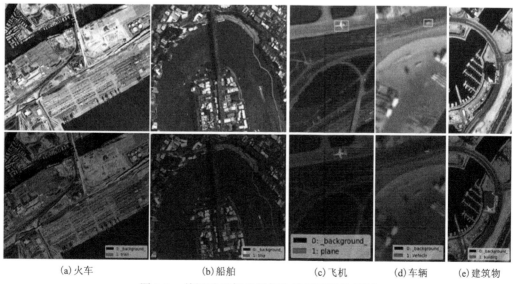

(a)火车   (b)船舶   (c)飞机   (d)车辆   (e)建筑物

图 3-9   单运动目标分割标注结果可视化示例

数据集与现有的遥感图像分割数据集相比，具有如下显著特征：①高分辨率卫星视频单目标(小目标为主)分割数据集；②目标类别丰富，涵盖 5 个典型目标：飞机、火车、车辆、船舶和建筑物；③同类别目标的类间差距大，具有很高的类间相似性和类内多样性；④目标个数数量多，视频帧总数大；⑤由于天气、季节等不同的成像条件，图像质量差异大。

3.4.1.2　主要评价指标

视频单目标分割有两个度量分割准确率的主要标准[7]。

（1）区域相似度（Region Similarity）。

区域相似度是掩膜 M 和真值 G 之间的 IoU 函数。

$$\mathcal{I} = \frac{|M \cap G|}{|M \cup G|} \tag{3-1}$$

（2）轮廓精确度（Contour Accuracy）。

将掩膜看成一系列闭合轮廓的集合，并计算基于轮廓的 $\mathcal{F}$ 度量，即准确率和召回率的函数。轮廓精确度是对基于轮廓的准确率 P_c 和召回率 R_c 的 $\mathcal{F}$ 度量。

$$\mathcal{F} = \frac{2 P_c R_c}{P_c + R_c} \tag{3-2}$$

直观上，区域相似度度量标注错误像素的数量，而轮廓精确度度量分割边界的准确率。$\mathcal{I}$-mean 是整个视频中所有帧的区域相似性 $\mathcal{I}$ 值的平均值，$\mathcal{F}$-mean 是整个视频中所有帧的轮廓精确度 $\mathcal{F}$ 值的平均值，$\mathcal{I} \& \mathcal{F}$-mean 是 $\mathcal{I}$-mean 和 $\mathcal{F}$-mean 的平均值；$\mathcal{I}$-recall 是整个视频中区域相似性大于一定阈值的帧数与总帧数的比例，$\mathcal{F}$-recall 是整个视频中轮廓精确度大于一定阈值的帧数与总帧数的比例，$\mathcal{I} \& \mathcal{F}$-recall 是 $\mathcal{I}$-recall 和 $\mathcal{F}$-recall 的平均值。

3.4.2　多目标分割数据集

3.4.2.1　数据集简介

多目标分割数据集作为 SAT-MTB 数据集的子集，由作者团队于 2023 年发表在 *IEEE Transactions on Geoscience and Remote Sensing* 中[1]。多目标分割数据集来自吉林一号系列卫星中的视频 03 星，于 2017～2021 年在中国、美国、墨西哥、法国、意大利、西班牙、澳大利亚、日本、土耳其、印度、泰国、沙特、阿联酋等国家和地区拍摄获取的凝视数据。本节对收集的卫星视频数据在全分辨率下进行遍历并精细挑选，最终裁切获取了 142 个视频段，以包含尽可能多的目标实例数量。这些视频记录了不同光照条件、不同天气下的机场、港口、道路、桥梁、火车站、湖泊等地物场景的时序帧，其视场中飞机、舰船、车辆、火车等典型目标存在高速运动、缓慢移动、转弯、静止、遮挡、进/出视场等不同状态，增加了处理任务的难度。此外，为了保证数据集的多样性和丰富度，每一个场景区域都遵循尽可能多地覆盖各类型的目标以及不同的目标运动状态来确定最佳的裁剪尺寸。卫星视频包含飞机、舰船和火车的视频帧示例如图 3-10 所示。

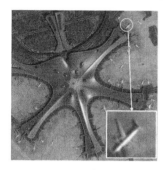 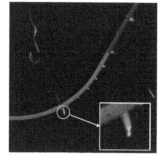 

(a)飞机　　　　　　　　　　(b)舰船　　　　　　　　　　(c)火车

图 3-10　卫星视频包含飞机、舰船、火车的视频帧示例

在 SAT-MTB 视频数据集的目标分割任务中，对卫星视频中每一帧出现的所有感兴趣目标全量标注，不区分是否运动。分割任务以掩膜信息记录各实例目标的边界区域，并且标注文件以 json 格式保存，每一帧图像对应一个标注文件。从标注信息中可以索引获取对应帧在视频序列的编号以及同一目标在不同帧间的唯一标识。多目标分割标注结果的可视化示例如图 3-11 所示。

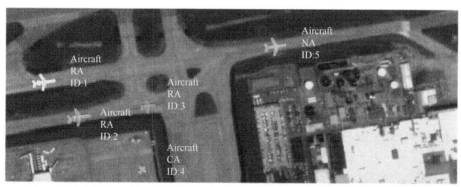

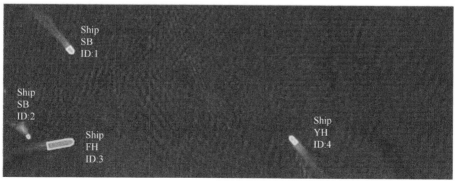

图 3-11　多目标分割标注结果的可视化示例

对多目标分割数据集信息的统计如表 3-9 所示。

表 3-9　　多目标分割数据集数量统计　　　　　　（单位：个）

目标分割	掩膜				
	视频数	帧数	粗粒度目标标签数	细粒度目标标签数	目标实例数
	144	33228	3	12	308240

　　由于飞机、船舶、车辆、火车等不同目标在各原始视频中的空间分布、运动范围等存在差异，为了尽可能涵盖多类目标、不同运动状态、不同朝向以及丰富背景，数据集中各视频尺寸并不完全一致。其中，火车由于目标尺寸本身较大，且目标间隔也大，对应的场景尺寸也更大。而飞机、运动舰船等目标由于目标尺寸小且密集分布于机场、港口等局部区域，对应的场景尺寸也更小。作者团队所构建的多目标分割数据集的主要特色体现在以下三个方面：

　　（1）大规模：本节构建的卫星视频目标分割数据集在标注的视频数量、视频帧数、目标个数、目标类型、支持的分割任务等规模性方面，在当前具有领先优势。

　　（2）细粒度：本节构建的卫星视频目标分割数据集是截至目前业内首个支持细粒度实例目标分割任务的数据集，在飞机、舰船和火车 3 类一级标注目标下，还提供了对应的 12 类细粒度目标，可为领域内开展更具挑战和特色分割任务的方法研究提供数据支持。

　　（3）实例级：本节构建的卫星视频目标分割数据集实现了实例级的标注，对于视频目标分割、视频实例分割均提供了大量的数据样本，推动该领域的发展。

3.4.2.2　主要评价指标

　　视频多目标分割主要有 AP、mAP、FPS。本节采用 COCO 评价指标 AP（IoU 阈值下的平均精度，IoU 取 0.5）、mAP（IoU 范围内的平均 AP，IoU 范围 0.5～0.95，步长 0.05），其中 IoU 根据掩膜计算。FPS 指每秒处理视频帧数量，用于评估算法分割速度，需要在相同硬件条件下进行评估。

3.5　卫星视频多标签场景分类数据集

3.5.1　数据集简介

卫星视频场景分类数据集 SAT-MTB-MLSC 由作者团队于 2024 年发表在 *IEEE Transactions on Image Processing* 中[8]。场景分类数据集使用了与 SAT-MTB 数据集相同的原始卫星视频，是卫星视频多任务数据集 SAT-MTB 的子集，该数据集从视频中针对机场、城市、海洋等三大类区域进行裁剪，裁剪的视频统一抽帧为 40 帧，以 mp4 格式进行存储，根据裁剪获取的卫星视频场景中常见的地物目标定义了 14 种静态场景(机场(airport)、海洋(sea)、建筑物(buildings)、跑道(runway)、停车场 (parking lot)、铁路(railway)、立交桥(overpass)、海岸线(coastline)、港口(harbor)、十字路口(intersection)、桥梁(bridge)、体育场(stadium)、火车站(railway station)、环岛(roundabout)) 和 4 种动态场景(运动汽车(moving car)、运动飞机(moving plane)、运动舰船(moving ship)、运动火车(moving train))，每个卫星视频场景皆进行了验证，确定了最终的标注结果，并依据结果对卫星视频进行重命名，格式为“编号-场景 1-场景 2-⋯.mp4”。SAT-MTB-MLSC 数据集中训练集和测试集分别包含 2232 和 1317 个卫星视频，共 3549 个视频，141960 幅视频帧，数据集的统计情况如图 3-12 所示。

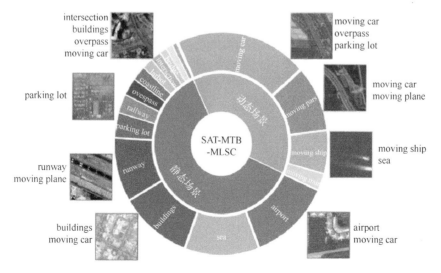

(a) 场景层次图

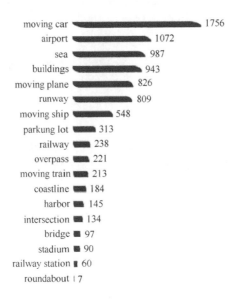

(b) 总视频类数

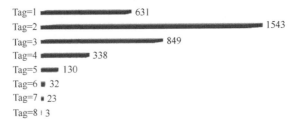

(c) 含有不同场景数量的视频总数

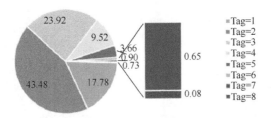

(d) 含有不同场景数量的视频数量百分比

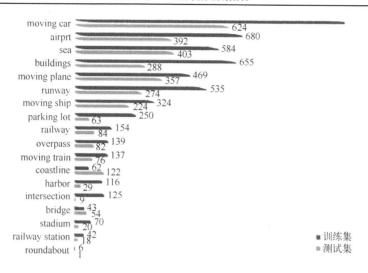

(e) 不同类别训练和测试视频的数量

图 3-12　SAT-MTB-MLSC 数据集统计

图 3-12 展示了 SAT-MTB-MLSC 数据集的统计结果，(a) 和 (b) 为不同场景标签出现数量的百分比和统计值，静态场景数量与动态场景数量的比值约为 3∶5，在静态场景中出现最多的为机场，在动态场景中出现最多的为运动汽车，不同场景标签的数量呈长尾分布。(c) 和 (d) 为带有不同数量标签的卫星视频数量的统计结果，绝大多数卫星视频场景的标签数量为 1～4 个，占所有视频的 94.7%，标签数量为 2 个的卫星视频场景数量最多，共 1543 个，卫星视频场景的标签数量最多为 8 个。不同卫星视频场景的分辨率统计如图 3-13 所示，大部分视频的尺寸为 256 像素×256 像素和 512 像素×512 像素，最小尺寸为 152 像素×152 像素，最大为 2160 像素×1080 像素。

SAT-MTB-MLSC 数据集的难点和挑战主要包括以下几点：

（1）多标签场景分类：SAT-MTB-MLSC 数据集包含 18 种静态和动态地面内容的类别，需要预测给定卫星观测视频中的多个语义标签，这增加了分类任务的复杂性。

（2）局部细节表示：现有的一般视频方法在直接应用于卫星视频时难以表示地面内容的局部细节，这对算法的设计提出了挑战。

（3）高维度特征表示：由于数据集包含 18 种不同的静态和动态地面内容类别，算法需要能够表示和处理高维度的特征空间，这对特征提取和分类器的设计提出了更高的要求。

（4）动态和静态内容的区分：数据集中包含动态（如汽车、舰船）和静态（如建筑物、地形）内容，这要求算法能够区分并正确分类不同类型的场景内容。

（5）连续帧间的长期运动信息建模：卫星视频通常包含连续帧，算法需要能够捕捉并建模帧间的长期运动信息，这对于理解和分类场景至关重要。

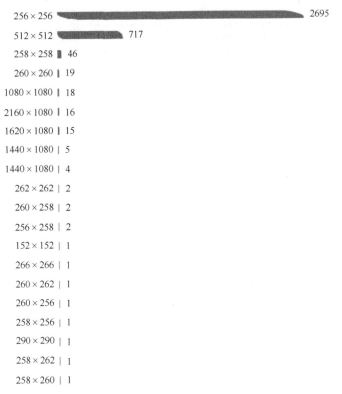

图 3-13　不同分辨率的视频数量(单位：个)

　　(6) 多尺度和多视角的挑战：卫星视频可能包含不同尺度和视角的地面内容，算法需要能够处理这种多样性，以适应不同的观察条件。

3.5.2　主要评价指标

　　卫星视频场景分类任务常用评价指标有：GAP (Global Average Precision)、mAP、Hit@k 和 PERR (Precision at Equal Recall Rate) 等，评价指标的值越高，表示模型的分类效果越好，其中 GAP 指标通常最能体现模型的整体分类效果。

　　(1) GAP。对于卫星视频 v，标签集合为 G_v，每个模型预测 18 种地物目标存在于视频 v 的概率 $(e_{v,k}, p_{v,k})$，其中，$e_{v,k}$ 表示类别标签，$p_{v,k} \in [0,1]$ 表示预测概率，将概率值平均划分为 10000 个阈值 $\tau_j = \dfrac{j}{10000}$，$j \in 1,\cdots,10000$，所有类别的 GAP 可表示为

$$GAP = \sum_{j=1}^{10000} P(\tau_j)[R(\tau_{j-1}) - R(\tau_j)] \tag{3-3}$$

其中，$P(\tau_j)$ 和 $R(\tau_j)$ 表示在阈值为 τ_j 时的精度和召回率

$$P(\tau_j) = \sum_{v \in V} \sum_{k=1}^{18} I(p_{v,k} \geq \tau_j \ \& \ e_{v,k} \in G_v) / \sum_{v \in V} \sum_{k=1}^{18} I(p_{v,k} \geq \tau_j) \tag{3-4}$$

$$R(\tau_j) = \sum_{v \in V} \sum_{k=1}^{18} I(p_{v,k} \geq \tau_j \ \& \ e_{v,k} \in G_v) / \sum_{v \in V} |G_v| \tag{3-5}$$

其中，$I(\cdot)$ 表示一个条件函数，$|G_v|$ 表示卫星视频 v 的标签数量，V 表示测试集中卫星视频的集合。

（2）mAP。卫星视频中不同类别标签呈长尾分布，mAP 评价指标平等地评价所有类别的分类精度，首先计算每个类别 e 的平均精度 AP_e，然后再求所有类别平均精度 AP_e 的平均值获得 mAP。

$$\mathrm{AP}_e = \sum_{j=1}^{10000} P_e(\tau_j) \left[R_e(\tau_{j-1}) - R_e(\tau_j) \right] \tag{3-6}$$

$$P_e(\tau_j) = \sum_{v \in V} \sum_{k=1}^{18} I(p_{v,k} \geq \tau_j \ \& \ e_{v,k} \in G_v \ \& \ e_{v,k} = e) / \sum_{v \in V} |e \in G_v| \tag{3-7}$$

$$R_e(\tau_j) = \sum_{v \in V} \sum_{k=1}^{18} I(p_{v,k} \geq \tau_j \ \& \ e_{v,k} \in G_v \ \& \ e_{v,k} = e) / \sum_{v \in V} |e \in G_v| \tag{3-8}$$

其中，$P_e(\tau_j)$ 和 $R_e(\tau_j)$ 表示类别 e 在阈值为 τ_j 时的精度和召回率，mAP 可表示为

$$\mathrm{mAP} = \frac{1}{|G_E|} \sum_{e \in G_E} \mathrm{AP}_e \tag{3-9}$$

其中，G_E 表示类别标签集合，$|G_E|$ 表示总的类别标签的数量。

（3）Hit@k 是模型最高的前 k 个预测中至少包含一个真值的视频数量与测试集中视频总数量的比值，一般在实验时会使用 Hit@1 来评价不同方法的分类效果。

（4）PERR 与 mAP 相似，但是不采用固定的 $k=18$，而是计算不同的取值下精度的平均值

$$\mathrm{PERR} = \frac{1}{|V|} \sum_{v \in V} \frac{1}{|G_v|} \sum_{k \in G_v} I(\mathrm{rank}_{v,k} \leq |G_v|) \tag{3-10}$$

其中，G_v 表示卫星视频 v 的真值标注集合，$|G_v|$ 表示卫星视频 v 的真值标注的标签数量，$I(\mathrm{rank}_{v,k} \leq |G_v|)$ 计算在最大的 $|G_v|$ 个预测中，正确预测的数量。

3.6　卫星视频超分辨率重建数据集

3.6.1　数据集简介

卫星视频超分辨率数据集由作者团队于 2023 年发表在 *IEEE Journal of Selected*

Topics in Applied Earth Observations and Remote Sensing 中[9]，超分辨率数据集使用了与 SAT-MTB 数据集相同的原始卫星视频，是卫星视频多任务数据集 SAT-MTB 的子集，该数据集由 18 段吉林一号视频卫星拍摄的视频裁剪而来，涵盖了城市、码头、机场、郊区、森林、沙漠等多种地形，分辨率约为 1m，由于卫星的运动包含视角和光照变化，视频包含动态场景，如运动的汽车、飞机、火车和舰船，以考验视频超分辨率方法对不同尺寸、不同速度的运动目标的处理能力。SAT-MTB-VSR 数据集总共包含裁剪出的 431 段视频，每段视频都为 100 帧连续的图像，其中 413 段作为训练集，18 段作为验证集，并且 18 段验证集全部来自不同的原始视频，图像的尺寸为 640 像素×640 像素。这些图像通过双三次插值下采样得到 160 像素×160 像素的低分辨率图像，从而获得低分辨率-高分辨率(Low-Resolution High-Resolution，LR-HR)训练对。数据集中低、高分辨率图像如图 3-14 所示。

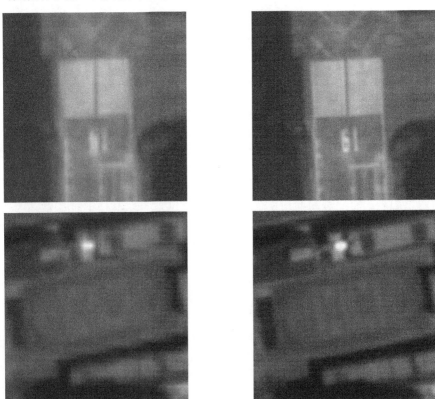

(a)低分辨率视频帧　　　　　　　　　　　　(b)高分辨率视频帧

图 3-14　卫星视频低、高分辨率示例

SAT-MTB-VSR 数据集的难点和挑战主要包括以下几点：

(1)多地形覆盖：数据集涵盖了城市、码头、机场、郊区、森林和沙漠等多种地形，这要求超分辨率方法能够适应不同的地面特征和纹理。

（2）视角和光照变化：由于卫星的运动，视频包含视角和光照的变化，这可能会影响图像的对比度和亮度，给超分辨率重建带来额外的复杂性。

（3）动态场景处理：视频包含动态场景，如运动的汽车、飞机、火车和舰船。超分辨率算法需要能够处理这些动态元素，以保持重建图像的清晰度和连贯性。

（4）不同尺寸和速度的运动目标：数据集中的运动目标可能具有不同的尺寸和速度，这对算法的运动补偿和目标追踪能力提出了挑战。

（5）高分辨率图像的获取：原始视频的分辨率约为 1m，这意味着超分辨率算法需要能够从较低分辨率的图像中恢复出高分辨率的细节。

（6）图像尺寸和分辨率的处理：原始图像尺寸为 640 像素×640 像素，通过双三次插值下采样到 160 像素×160 像素的低分辨率图像。超分辨率方法需要能够处理这种尺寸和分辨率的变化。

（7）数据集的多样性和复杂性：由于数据集来源于不同的原始视频，每段视频都具有独特的特征，这要求方法能够处理高度多样化的数据。

（8）超分辨率重建的质量：超分辨率重建的目标是在放大图像的同时保持或提高图像质量，包括纹理、边缘和细节的清晰度。

3.6.2 主要评价指标

在超分辨率领域，常用的有参考图像评价指标是峰值信噪比（Peak Signal-to-Noise Ratio，PSNR）和结构相似度（Structure Similarity Index Measure，SSIM），前者的计算基于均方误差（Mean Square Error，MSE），衡量信号最大可能功率和影响信号质量的噪声功率的比值，值越大越好；后者衡量图像的相似程度，其基于感知模型，值越大越好。对图像 X 和 Y，尺寸为 $m×n$，其 MSE 和 PSNR 的计算公式为

$$\text{MSE} = \frac{1}{mn}\sum_{i=0}^{m-1}\sum_{j=0}^{n-1}[X(i,j)-Y(i,j)]^2 \tag{3-11}$$

$$\text{PSNR} = 10\cdot\log_{10}\left(\frac{\text{MAX}^2}{\text{MSE}}\right) \tag{3-12}$$

其中，MAX 为像素的最大值。

SSIM 的计算公式为

$$\text{SSIM} = \frac{(2\mu_X\mu_Y+c_1)(2\sigma_{XY}+c_2)}{(\mu_X^2+\mu_Y^2+c_1)(\sigma_X^2+\sigma_Y^2+c_2)} \tag{3-13}$$

其中，μ 是图像均值，σ 是图像的标准差，σ_{XY} 是图像 X 和 Y 的协方差，c_1 和 c_2 是常数。

NIQE(Natural Image Quality Evaluator)是一种无参考图像质量评价指标，它不需要原始图像或失真图像之间的比较，也不需要基于人类评分的训练数据集，因此被更多应用于盲超分辨率中，其计算基于自然场景统计(Natural Scene Statistics, NSS)特征，这些特征从图像的空域中提取，并被拟合到多元高斯(Multivariate Gaussian, MVG)模型中。NIQE算法的具体过程包括以下几个步骤：

(1)空域NSS特征提取：通过计算图像的局部均值和标准差，生成正则化的图像系数，这些系数反映了图像的亮度和对比度信息。

(2)图像块特征表征：选择图像中锐利的区域(通过设置阈值来确定)，并从这些区域提取特征，如亮度值的分布等。

(3)多元高斯模型：使用从自然图像中提取的特征来拟合MVG模型，该模型描述了图像质量感知特征的分布。

(4)NIQE指数计算：将测试图像的NSS特征与从自然图像语料库中提取的特征的MVG模型之间的距离作为NIQE分数。该距离是通过计算两个MVG模型参数的差异来得到的。

NIQE分数越低，表示图像的感知质量越好，即图像看起来更接近自然图像的感知质量。这种评价方法特别适用于超分辨率重建等图像处理任务，因为这些任务中传统的PSNR或SSIM指标可能无法准确反映人眼对图像质量的感知。NIQE提供了一种更符合人类视觉感知的图像质量评价方式。

LPIPS(Learned Perceptual Image Patch Similarity)是一种基于感知的图像相似度评估指标，它利用深度学习模型来评估图像间的相似性，从而提供一个更符合人类视觉感知的评价方式。LPIPS通过训练一个深度卷积神经网络来学习图像内容的感知相关性，这使得它能够捕捉到人类视觉系统对不同图像特征的敏感度差异。LPIPS的核心原理是模拟人类视觉系统对图像内容的感知，它使用预训练的网络(如AlexNet、VGG等)提取图像特征，并在特征空间中计算两幅图像对应补丁之间的距离。LPIPS的计算涉及以下几个步骤：

(1)将两幅图像划分为多个局部补丁。

(2)使用预训练的深度神经网络模型提取每个补丁的特征。

(3)在特征空间中，计算两幅图像对应补丁之间的距离。

(4)对所有补丁的距离进行聚合，得到两幅图像的LPIPS分数。

(5)LPIPS的取值范围为[0,1]，值越接近0，表示两幅图像的感知相似度越高，即图像质量越好。大多数最先进的模型的LPIPS分数通常在0.2~0.26左右。

参 考 文 献

[1] Li S, Zhou Z, Zhao M, et al. A multitask benchmark dataset for satellite video: object detection,

tracking, and segmentation. IEEE Transactions on Geoscience and Remote Sensing, 2023, 61: 1-21.

[2] Everingham M, van Gool L, Williams C K I, et al. The pascal visual object classes (VOC) challenge. International Journal of Computer Vision, 2009, 88: 303-308.

[3] Zhao M, Li S, Xuan S, et al. SatSOT: a benchmark dataset for satellite video single object tracking. IEEE Transactions on Geoscience and Remote Sensing, 2022, 60: 1-11.

[4] Wu Y, Lim J, Yang M H. Object tracking benchmark. IEEE Transactions on Pattern Analysis and Machine Intelligence, 2015, 37: 1834-1848.

[5] Kristan M, Matas J, Leonardis A, et al. The seventh visual object tracking VOT2019 challenge results//The IEEE/CVF International Conference on Computer Vision (ICCV) Workshops, Seoul, 2019.

[6] Kou L, Li S, Yang J, et al. SAT-MTB-SOS: a benchmark dataset for satellite video single object segmentation//International Conference on Computer Vision, Image and Deep Learning (CVIDL 2024), Zhuhai, 2024.

[7] Perazzi F, Pont-Tuset J, McWilliams B, et al. A benchmark dataset and evaluation methodology for video object segmentation//Proceedings of the IEEE Conference on Computer Vision and Pattern Recognition, Las Vegas, 2016.

[8] Guo W, Li S, Chen F, et al. Satellite video multi-label scene classification with spatial and temporal feature cooperative encoding: a benchmark dataset and method. IEEE Transactions on Image Processing, 2024, 33: 2238-2251.

[9] Wang H, Li S, Zhao M. A lightweight recurrent aggregation network for satellite video super-resolution. IEEE Journal of Selected Topics in Applied Earth Observations and Remote Sensing, 2023, 17: 685-695.

第 4 章　视频场景分类

4.1　背　景　介　绍

4.1.1　任务简介

　　卫星视频场景分类(Satellite Video Scene Classification，SVSC)是对卫星视频中的场景进行自动分类或标记的任务，它包括提取卫星视频的图像帧序列特征，通过时序特征编码获得视频级的特征表示，基于此获得场景的类别信息，如城市地区、农田、森林、水体、道路、工业区、居民区等。卫星视频场景分类是图像和视频自动理解目标中的一个基本任务，它可以为物体或动态事件的存在提供先验信息，如在卫星视频中检测移动车辆，卫星视频场景分类可以在大规模视频中提供如各种道路和停车场等先验区域信息；也可以在发生特定事件的区域，提供发生气体喷发污染的工业区域场景信息。卫星视频场景分类还可以区分城市交通动态分析中的不同运动模式，为监测和理解典型事件和行为提供技术支持。此外，卫星视频场景分类对于视频浏览、检索和描述也有重要的应用价值。

4.1.2　方法概述

　　在场景分类任务中，科研人员对静态图像的场景分类已经有了深入的研究。手工设计的特征描述符已广泛应用于该任务，如尺度不变特征变换(Scale-Invariant Feature Transform，SIFT)、局部二值模式(Local Binary Pattern，LBP)和方向梯度直方图(Histogram of Oriented Gradients，HOG)。这些基本特征描述符可以进一步通过词袋(Bag of Words，BoW)[1]、Fisher 向量(Fisher Vector，FV)[2]和稀疏编码[3]进行编码。由于缺乏标记的训练样本，知识迁移成功应用于场景分类[4]，例如，将预训练的卷积神经网络迁移至空间对地观测领域，为了充分利用预训练的卷积神经网络不同层次的特征，各类研究提出了各种融合策略来增强分类性能[5-7]。由于卫星视频的场景分类的发展与通用视频场景分类相比，研究的广泛性还有较大差距，所以这里先基于通用视频场景分类的方法进行介绍。

　　与图像场景分类相比，视频场景分类除了空间信息外，还包含动态信息。在考虑空间特征时，基本特征描述符与图像特征一致，例如词袋[8]。为了利用动态信息，可以在时空方向上捕获基于图像的特征，而不是在空间方向上提取，例如，来自三个正交平面的局部二值模式(LBPs from Three Orthogonal Planes，LBP-TOP)[9]、3D SIFT[10]和时空导向能量(Spatio-temporal Oriented Energy，SOE)[11]。一些空间对地观测图像分类任务中常用描述运动信息的方法是基于光流的，例如，运动边界直方图(Motion Boundary Histograms，MBH)和光流直方图(Histogram of Optical Flow，HOF)[12]。基于密集轨迹(Dense Trajectories，DT)[13]和改进的 DT(improved DT，iDT)[14]的方法被视为视频场景分类的手工特征的标准。最近，深度学习已被应用于视频场景分类，重点是如何处理时间维度。第一类方法将 2D CNN 扩展为 3D CNN，使用 3D 卷积和 3D 池化来捕获沿着空间和时间维度的判别性特征，并保持一定的时间结构[15-17]。Tran 等人[18]提出了基于 3D CNN 的卷积 3D(Convolutional 3D，C3D)特征，在动态场景分类中表现出良好的性能。第二类方法提取运动特征，例如 2D 密集光流图，嵌入 CNN 网络中[19]。第三类方法将 CNN 与时间序列建模相结合，例如，循环神经网络(Recurrent Neural Network，RNN)[20]、长短期记忆(Long Short-Term Memory，LSTM)[21,22]和双向 RNN(Bidirectional RNN，B-RNN)[23]等。Feichtenhofer 等人[24]提出了时空残差网络(Temporal Residual Network，T-ResNet)，它是在时空方向上完全卷积的，通过时间残差单元实现。对于不同类型的深度学习模型，通过来自多个线索和模型的信息融合，可以提高方法的性能。

根据每个卫星视频所包含的场景标签数量和场景内容的解译程度，现有方法可分为卫星视频单标签场景分类和卫星视频多标签场景分类。

(1)卫星视频单标签场景分类。

卫星视频单标签场景分类主要有两种方法。它们都基于双流框架，联合表示空间和时间特征，并关注提取静态地面物体的外观特征以及对给定卫星视频观测场景进行长期序列特征的编码。

SVSC[25]提出的方法包括两个阶段：关键帧选择和长期序列特征编码。关键帧基于模糊检测和卫星视频场景中地面物体的活动进行选择，其由预训练的 VGGNet 提取的特征被视为卫星视频的空间特征。同时，使用 LSTM 网络对由 PCA 和 VGGNet 提取的帧特征进行编码，这被视为卫星视频的视频级特征表示。该方法在 SVSC 数据集上实现了 73.97%的总体准确率(Overall Accuracy，OA)。

LSRTN(Low-rank Sparse Representation Two-stream Network)[26]提出了一种低秩稀疏表示双流网络，用于卫星视频单标签场景分类，以有效地表示卫星视频中小型移动物体的特征，由两部分组成：低秩稀疏分解和空间与时间特征表示。该方法设计了一个低秩稀疏分解网络(Low-rank Sparse Component Analysis Network，LSCAN)，将卫星视频分解成低秩背景图像和稀疏移动物体序列。然后应用双流结构基于原始帧图像和稀疏移动物体序列图像获取空间和时间特征，特征融合后用于分类。LSRTN 在构建的数据集上实现了 81.2%的总体准确率，证明了其在表示卫星视频场景中小型移动对象特征方面的有效性。

　　以上方法预测给出卫星视频中最显著地物场景内容的语义标签。然而，卫星视频的内容通常是复杂的，单个标签不足以描述其中包含的信息。与单标签场景分类不同，卫星视频多标签场景分类任务要求为给定卫星视频中的多个地物场景内容预测语义标签，这更具有挑战性。

　　(2)卫星视频多标签场景分类。

　　现有的用于通用视频理解的视频多标签分类方法可以大致分为两种模式：基于有序时序特征编码的分类(Classification Based on Temporal and Ordered features Encoding，CB-TOE)和基于无序时序特征编码的分类(Classification Based on Temporal and Disordered features Encoding，CB-TDE)。

　　CB-TOE 方法将帧特征视为有序序列，通常使用循环神经网络(RNN)，如LSTM，来获取视频的长期特征表示[22,27]，这类方法可以捕获视频的时间结构[19,28]。近年来，有几项工作对基于LSTM的网络进行了改进。门控循环单元(Gated Recurrent Unit，GRU)[29]通常可用于替代LSTM，而且更高效。Semeniuta 等人[30]提出了循环dropout 来正则化 RNN，以改善训练的稳定性，其他正则化方法，如层标准化和循环加权平均(Recurrent Weighted Average，RWA)，可以帮助 RNN 更快地收敛[31]。为了构建深度 LSTM，Twostream LSTM[32]通过向序列模型添加快速连接提出了一个快速前向序列模型，在构建 7 个双向 LSTM 的序列模型中起着关键作用。Chen 等人[31]认为最具信息量的内容在视频中间附近，将输入视频分成 2 个片段，然后分别使用2 个双向 LSTM 网络进行处理，但这在一定程度上破坏了视频的顺序结构。为了充分利用 RNN，MoNN(Mixture of Neural Network Experts)[33]提出了一个由互连的多隐藏层神经网络组成的 LSTM 和 GRU 混合模型。除了 RNN，卷积在时间轴上的应用是另一种流行的编码时间特征的方法[34,35]，它们尝试了用于序列特征编码的时间分布卷积层，其中包含几层卷积和最大池化层。ResidualCNN[36]使用全连接层和带有残差模块的深度卷积网络提取长时序的视频特征，尽管使用卷积同样可以获得时序的编码特征，但是通常长时序的感受野的获取依赖于多层的堆叠的卷积，计算效率不高。

　　CB-TDE 方法通常使用池化或基于聚类的方法来获取视频级别的特征表示，从而捕获帧特征的分布[14]。常见的池化方法[37]包括简单的时间平均、最大池化或可学习的池化模块[28]，它们对于具有小的帧间变化的视频表现得更好，并且计算效率高；基于聚类的方法包括词袋模型、局部聚合描述符向量(Vector of Locally Aggregated Descriptors，VLAD)、Fisher 向量及其变体等。然而，VLAD 和 Fisher 向量不可微分，不能通过反向传播进行训练。NetVLAD[38]和 FVNet[39]将 VLAD 和 Fisher 向量扩展到深度特征空间，使它们可以与其他层一起训练。NetVLAD 通过测量特征与聚类中心之间的距离来分配聚类 ID。NetRVLAD[28]是 NetVLAD 的简化版本，它直接将特征池化到聚类中，并且更高效。受 ResNetXt[40]的启发，NeXtVLAD[41]在执行聚类之前将高维特征投影到低维特征上，并使用注意力来减少计算复杂性。Kmiec 等人[42]应用了修改后的 NetVLAD 来考虑聚类相似性，并在 NetVLAD 模块之前和之后插入了 Transformer 模块以增强注意力。YT8M-T[43]建模了聚类中心之间的关系，帮助 NetVLAD 获得非局部特征表示，有效提高了分类精度。

尽管上述方法在通用视频上表现良好，但它们实质上专注于目标的外观特征，对具有弱小外观的地面物体的局部细节表示能力有限，这在直接应用于卫星视频时会产生许多低质量的预测。图 4-1 展示了将不同的 CB-TOE 和 CB-TDE 方法应用于同一卫星视频时排名前 4 的预测结果，其中，mp 代表移动飞机，mc 代表移动汽车。正确的预测用红色表示，而错误的预测用绿色显示。随附的小数表示预测得分。可视化结果揭示了这些方法之间的共同挑战，即存在大量低质量的预测、不准确和低预测分数的情况。

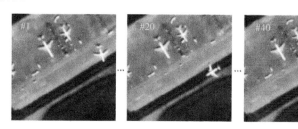

真值标注: airport, moving plane (mp), moving car (mc)			
方法	排名前 4 的预测结果(mAP)		
GatedNetFV[31]	runway (0.42)	mp (0.27)	sea (0.22)	airport (0.19)
GRU[31]	mc (0.61)	coastline (0.16)	sea (0.16)	airport (0.15)
Soft-DBow[31]	runway (0.76)	mc (0.21)	mp (0.13)	airport (0.06)
YT8M-T[31]	runway (0.66)	airport (0.21)	mc (0.20)	mc (0.18)
GatedNet-RVLAD[31]	runway (0.41)	airport (0.26)	mc (0.21)	parking lot (0.16)
GatedNet-VLAD[31]	parking lot (0.38)	airport (0.34)	harbor (0.31)	sea (0.31)
Teacher-Student[44]	airport (0.66)	mc (0.51)	sea (0.51)	mp (0.10)

图 4-1　在同一卫星视频上使用不同 CB-TOE 和 CB-TDE 方法预测的结果

4.1.3　应用场景

卫星视频场景分类是空间对地观测应用中的一项重要技术，它涉及自动识别和区分卫星视频中呈现的不同地理或人造特征，该技术对于环境监测、城市规划、农业管理、灾害评估以及国土安全等多个领域都有着重要的意义。

　　卫星视频场景分类需要处理大量的高分辨率图像数据，并从中提取有用的信息，以识别出城市地区、农田、森林、水体、道路和建筑物等不同类型的地表覆盖物。这不仅要求方法具备高效的数据处理能力，还需要其能够适应多变的光照条件、季节变化和不同地区的地形特征。

　　此外，场景分类的准确性对于决策支持系统至关重要。例如，在农业领域，准确的作物类型分类可以帮助农民优化种植策略和资源分配；在城市规划中，城市土地利用分类有助于合理规划城市发展和基础设施建设；在环境监测中，对植被覆盖和水体变化的监测对于评估生态系统健康状况和应对气候变化具有重要作用。

　　随着机器学习和深度学习技术的发展，现代场景分类方法正在变得更加智能和自动化。这些方法通过从大量标记好的训练数据中学习，能够不断提高分类的精度和可靠性。同时，随着计算能力的增强，这些方法也能够处理更大规模的数据集，提供更细致的场景解析。

4.2　基于时空协同编码的卫星视频多标签场景分类方法

4.2.1　问题分析

　　卫星视频场景分类面临云雾等遮挡、成像质量不高、局部细节信息不明显等困难，这导致与通用视频相比，卫星视频具有更大的挑战性。图 4-2 显示了 SAT-MTB-SVSC 数据集中的示例帧，突出显示了卫星视频中存在的遮挡现象。例如，由于高楼和卫星之间的视差效应，高楼会遮挡移动目标，如图 4-2(a) 所示。密集的植被和高架桥会部分或完全遮挡移动目标，如图 4-2(b) 和 (c) 所示。另一方面，飘动的薄云会遮盖某些场景，如图 4-2(d) 所示。成像质量不高主要包括过度曝光和低对比度成像，如图 4-3(a) 和 (c) 所示，这带来了更大的类内差异。

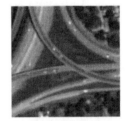

(a)在停车场场景中，移动　　(b)高速公路场景被密集　　(c)移动目标通过高架桥　　(d)高速公路场景被薄云
目标被高楼的阴影所遮挡　　　的树木所遮挡　　　　　底部时被遮挡　　　　　所遮挡

图 4-2　卫星视频中的各种遮挡现象

(a)桥梁场景中的过曝 (b)图(a)的参考帧，没有过曝 (c)高速公路场景中的低对比度

图 4-3　卫星视频中的低成像质量

4.2.2　方法原理

作者团队于 2024 年提出了一种基于时空协同编码的卫星视频多标签场景分类方法(Spatial and Temporal Feature Cooperative Encoding，STFCE)[45]发表在 *IEEE Transactions on Image Processing* 上，该方法的框架如图 4-4 所示，总体流程如下：

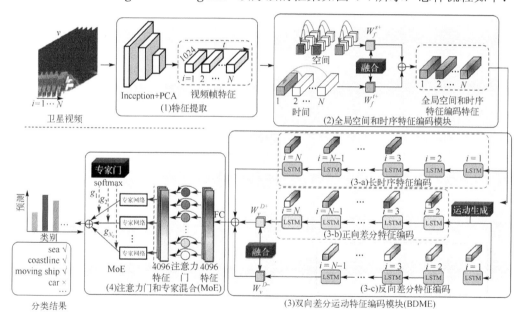

图 4-4　STFCE 的总体框架

（1）对于输入的任意卫星视频 V，视频的每一帧 f_i 使用预训练的 Inception 网络[46]提取特征，然后使用 PCA 算法对提取的特征进行降维，获得每一帧的特征向量。

（2）全局空间和时序特征编码模块(Global Spatial and Temporal feature Encoding module，GSTE)对视频帧特征，通过空间和时序维度特征的交互增强场景中地物目标的特征，并获取空间和时序全局的感受野。

（3）双向差分运动特征编码模块（Bidirectional Differential-Motion feature encoding module，BDM）对卫星视频的长时序特征信息（3-a）、帧间的双向变化信息（3-b 和 3-c）进行协同编码，建模地物目标的外观特征和潜在的运动特征，获得鲁棒的视频特征表达（video-level）。

（4）按顺序通过全连接层注意力门控单元（Attention Gate）和 MoE（Mixture of Experts）分类网络获得卫星视频场景多标签的分类结果。

1）特征提取模块

采用在预训练的 Inception 卷积神经网络[46]提取卫星视频每一帧的特征，选择分类器前一层隐藏层经 ReLU 函数输出的 2048 维的特征向量作为每一帧视频的特征，然后使用 PCA 算法对特征进行降维，获得一个 1024 维的特征向量。

2）全局空间和时序特征编码模块

全局空间和时序特征编码（Global Spatial and Temporal feature Encoding，GSTE）模块的主要目的是利用地物目标之间的相似性，通过空间和时序维度全局的特征交互，增强地物目标的特征，并获得空间和时序全局的感受野，主要包括全局空间特征编码（Global Spatial feature Encoding，GSE）、全局时序特征编码（Global Temporal feature Encoding，GTE）和特征融合单元（Fusion）。

（1）全局空间特征编码。

全局空间特征编码旨在通过局部特征的交互增强卫星视频场景中地物目标的特征。Xiao 等人[47]和 Devaki 等人[48]的研究表明，卫星观测场景图像特征的不同通道可以用于表示不同局部地物目标的特征，并且相近的通道特征之间具有一定的相似性。对于任意卫星视频帧的特征向量 F_i，通道特征 $C_u, C_v \in F_i$ 表示局部地物目标的特征，$\mathcal{F}_s$ 表示局部特征的交互函数，$\mathcal{I}$ 表示交互结果的聚合函数，任意局部特征 C_u 的 GSE 编码可以表示为

$$C_u^s = \mathcal{I}(C_u, \mathcal{F}(C_u, C_v)) \tag{4-1}$$

为了提高计算效率，本节使用求和函数作为聚合函数，使用向量乘法作为交互函数，为了保持训练的稳定性，对交互结果分配一个权重因子 λ_v，则 C_u 的 GSE 编码可以转换为

$$C_u^s = \sum_{v \in 1, \cdots, N_c} \lambda_v C_u * C_v \tag{4-2}$$

密集的局部特征交互的计算复杂度为 $O(N_c^2)$，N_c 表示视频帧特征向量的通道数量，由于特征向量的通道数较大，本节采用一种简单的策略，将权重因子置为一个常量 $\frac{1}{N_c}$，任意局部特征的 GSE 编码可简化为

$$C_u^s = C_u * \sum_{v \in 1, \cdots, N_c} C_v / N_c = C_u * \text{mean}(F_i) \tag{4-3}$$

对视频帧特征 F_i 而言，$\text{mean}(F_i)$ 为一个固定值，此时密集的局部特征交互的计算复杂度为 $O(N_c)$。获取 GSE 的编码结果后，再通过一个非线性映射和残差连接获得最终的输出 F_i^{s+}

$$F_i^{s+} = F_i^s * W^s + F_i \tag{4-4}$$

（2）全局时序特征编码。

全局时序特征编码旨在通过建模帧间特征的关系为地物目标聚合额外的特征信息，利用帧间的目标的相似性增强地物目标的特征。对于输入的视频特征 F_i，采用向量乘法衡量 F_i 与其他视频帧特征 F_j 之间的关系

$$\mathcal{R}_{i,j} = F_i \odot F_j, \quad j \in 1, \cdots, N \tag{4-5}$$

为了保证训练的稳定性，将与所有帧特征之间的关系进行归一化

$$\mathcal{R}_{i,j}^w = r^{\mathcal{R}_{i,j}} / \sum_{1 \leqslant k \leqslant N} e^{\mathcal{R}_{i,k}} \tag{4-6}$$

并以此关系作为融合整个视频的特征信息的依据

$$F_i^t = \sum_{1 \leqslant j \leqslant N} \mathcal{R}_{i,j}^w * F_j \tag{4-7}$$

最后通过学习一个权重矩阵 W^t 和残差连接，获取 GTE 编码的最终结果

$$F_i^{t+} = F_i^t * W^t + F_i \tag{4-8}$$

（3）融合。

融合单元对全局空间特征编码和全局时序特征编码的结果进行融合

$$F_i^+ = F_i^{s+} * W_f^{s+} + F_i^{t+} * W_f^{t+} \tag{4-9}$$

W_f^{s+} 和 W_f^{t+} 为融合单元生成的融合权重，生成方式包括：①在一定范围内，通过手工设置，以固定步长生成离散权重组合；②可学习的连续值权重，范围为 $(-\infty, +\infty)$；③带 sigmoid 的连续值权重，范围为 [0,1]；④带 sigmoid 和 softmax 的连续值权重，范围为 [0,1]，且两个权重的和固定为 1。

3）双向差分运动特征编码模块

双向差分运动特征编码模块的主要目的是编码卫星视频长时序的信息和帧间的变化信息，建模目标潜在的运动特征，获得目标鲁棒的特征表达，如图 4-5 所示，主要包括长时序特征编码(Long-term Temporal Feature Encoding，LTFE)、差分运动特征编码(正向差分运动特征编码(Forward Differential-motion Feature Encoding，FDFE)、反向差分运动特征编码(Backward Differential-motion Feature Encoding，

BDFE) 和特征融合单元。

(1) 长时序特征编码。

长时序特征编码主要用于对卫星视频的长时序特征信息进行编码。输入为 GSTE 模块的输出, 大小为 $B \times N \times E$, 其中, B 为批数, N 为卫星视频的时序长度, E 为视频帧特征的通道数, 这里 E 为 1024, 输出为编码的卫星视频长时序特征, 大小为 $B \times N$。

使用一个两层 LSTM 网络对整个序列的视频帧特征进行编码, 如图 4-5 所示,

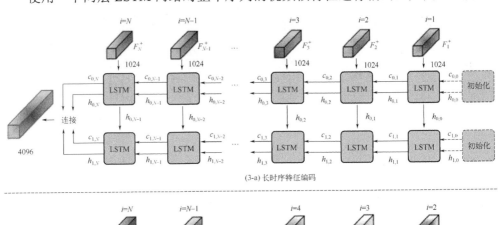

(3-a) 长时序特征编码

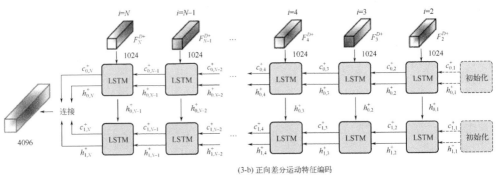

(3-b) 正向差分运动特征编码

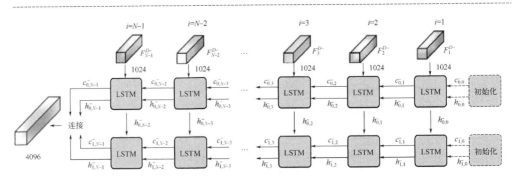

(3-c) 反向差分运动特征编码

图 4-5　LTFE、FDFE 和 BDFE 的流程

每层 LSTM 网络包含 T 个 LSTM 单元，每个单元 $M_{l,i}$ 的输入为视频帧特征向量 F_i^+、上一个单元的对历史帧特征的编码 $h_{l,i-1}$ 及记忆特征 $c_{l,i-1}$，l 表示 LSTM 网络层的索引，i 表示网络单元索引。输出为编码特征 $h_{l,i}$ 和记忆特征 $c_{l,i}$，$h_{l,i}$ 为下一个 LSTM 单元 $M_{l,i+1}$ 的输入，也是下一层 LSTM 网络单元 $M_{l+1,i}$ 的输入。两层 LSTM 网络分别输出卫星视频长时序信息编码特征 $h_{l,N}$ 和记忆特征 $c_{l,N}$，将不同层的长时序编码特征和记忆特征堆叠作为整个卫星视频的长时序信息的编码特征 F_V^L。

(2)差分运动特征编码。

卫星视频的背景变化较小是一个在卫星视频智能解译如目标检测、目标追踪、目标分割等任务中被广泛使用的先验信息[49,50]，相邻帧之间特征的变化隐含了许多有意义、有价值的信息[51]。为了编码这种变化，研究人员提出了差分运动特征编码，包括正向差分运动特征编码(FDFE)和反向差分运动特征编码(BDFE)。

FDFE 和 BDFE 的输入均为 GSTE 编码模块输出的卫星视频帧特征 F_i^+，如图 4-6 所示，正向差分运动特征可表示为

$$F_i^{D+} = F_i^+ \ominus F_{i-1}^+, \quad 2 \leqslant i \leqslant N \tag{4-10}$$

反向差分运动特征可表示为

$$F_i^{D-} = F_i^+ \ominus F_{i+1}^+, \quad 1 \leqslant i \leqslant N-1 \tag{4-11}$$

$B \times N \times E$ 的 GSTE 编码特征分别生成 $B \times (N-1) \times E$ 的正向、反向差分运动的特征序列，正向差分运动的时序索引为 $i \in [2, N]$，反向差分运动的时序索引为 $i \in [1, N-1]$。

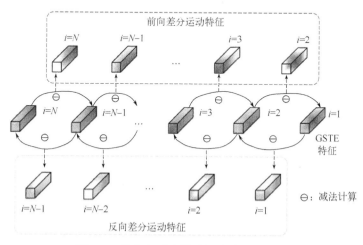

图 4-6　前向和后向差分运动特征的生成

然后使用两个双层 LSTM 网络编码长时序的正向差分运动特征和反向差分运动特征，LSTM 网络结构与 LSFE 相似，主要区别在于 LSTM 单元的数量，FDFE 和

BDFE 中 LSTM 单元的数量为 $N-1$，最后，通过堆叠两个 LSTM 网络输出的不同层的编码特征 $h_{l,N}^+$、$h_{l,N-1}^-$ 和记忆特征 $c_{l,N}^+$、$c_{l,N-1}^-$，获得长时序正向差分运动编码特征 $F_\mathcal{V}^{D+}$ 和反向差分运动编码特征 $F_\mathcal{V}^{D-}$。

（3）融合。

融合单元与 GSTE 中的融合单元结构相同，主要用于融合长时序编码特征 $F_\mathcal{V}^L$、正向差分运动编码特征 $F_\mathcal{V}^{D+}$ 和反向差分运动编码特征 $F_\mathcal{V}^{D-}$

$$F_\mathcal{V}^+ = F_\mathcal{V}^L + F_\mathcal{V}^{D+} * W_\mathcal{V}^{D+} + F_\mathcal{V}^{D-} * W_\mathcal{V}^{D-} \tag{4-12}$$

其中，$W_\mathcal{V}^{D+}$ 和 $W_\mathcal{V}^{D-}$ 为融合单元生成的融合权重，生成方式包括：①在一定范围内，通过手工设置，以固定步长生成离散的权重组合；②可学习的连续值权重，范围为 $(-\infty, +\infty)$；③带 sigmoid 的连续值权重，范围为 $[0,1]$；④带 sigmoid 和 softmax 的连续值权重，范围为 $[0,1]$，且两个权重的和固定为 1。

4）注意力门控单元和专家混合模块

（1）注意力门控单元。

注意力门控单元[28]是一个非线性的可学习的单元，用于捕捉不同特征之间非线性的相互依赖关系，是一种对输入特征 X 的非线性转换

$$Y = \sigma(W * X + b) \circ X \tag{4-13}$$

其中，σ 为 sigmoid 激活函数，$\circ$ 表示对应元素相乘，W 和 b 是可学习的权重参数和偏置参数，$\sigma(W * X + b) \in [0,1]$ 表示应用于输入特征向量 X 每个元素的门单元。

（2）专家混合。

MoE 最早由[52]提出，通过将输入特征的空间划分为多个子空间分别拟合的方式（Expert），解决非线性监督学习的问题。在多标签场景分类问题中，每一个场景标签被视为实体 e，对于给定的卫星视频 $\mathcal{V}$ 的特征向量 $F_\mathcal{V}^+$，实体 e 是否存在取决于 N_e 个 Expert 网络 $\mathcal{H}_e$ 的共同决策，每个 Expert 网络由带 sigmoid 的全连接层网络构成，是一个二分类的网络，网络中每个节点的输出为 $[0,1]$，表示实体 e 存在的概率，多个 Expert 网络预测结果的融合由一个带 softmax 的 Gate 网络生成，融合权重为

$$g_e = e^{P_e} \bigg/ \sum_{h \in \mathcal{H}_e} e^{P_h} \tag{4-14}$$

则实体 e 存在于卫星视频 $\mathcal{V}$ 的概率可表示为

$$P_e = \sum_{h \in \mathcal{H}_e} g_e * p_h(F_\mathcal{V}^+) \tag{4-15}$$

每个 Expert 网络可以分别预测多个实体 e 存在于卫星视频 $\mathcal{V}$ 的概率，经 Gate 网络融合后获得卫星视频多标签场景分类的预测结果。在训练阶段，与真实标注 P_e^* 结合使用交叉熵损失函数获得预测损失 $\mathcal{L}$，通过反向传播更新网络参数

$$\mathcal{L}(P_e, P_e^*) = -P_e^* \log P_e - (1 - P_e^*)\log(1 - P_e) \tag{4-16}$$

4.2.3　实验与分析

本节在 SAT-MTB-MLSC 数据集上对 STFCE 方法进行了消融实验以验证其有效性，并与先进方法进行了对比实验。

1）消融实验

首先对提出方法中 GSTE 模块中的不同单元进行了消融实验，然后对双向差分运动特征编码(Bidirectional Differential-Motion Feature Encoding, BDME)的不同组件的有效性进行了消融实验。

（1）GSTE 模块的有效性。

GSTE 模块主要包括 GSE、GTE 和融合单元，融合单元权重的生成方式主要包括手工设置权重和可学习的权重两大类，对上述子模块均进行了消融实验，实验结果如表 4-1 所示。

表 4-1　包含 GTE、GSE、融合单元的 GSTE 消融实验

GTE	GSE		融合模块				Hit@1	PERR	mAP	GAP
	有/无模块加入	层数	有/无模块加入	sigmoid		softmax				
				有/无模块加入	范围					
							0.798	0.748	**0.597**	0.7153
√							0.797	0.738	0.592	0.7410
	√	×1					0.822	0.752	0.550	0.7360
	√	×2					0.803	0.728	0.551	0.7374
	√	×3					0.834	0.750	0.555	0.7475
	√	×4					**0.844**	**0.770**	0.593	0.7505
√	√	×4	√				0.723	0.673	0.363	0.6139
√	√	×4	√	√	～1		0.801	0.751	0.593	**0.7531**
√	√	×4	√	√	～2		0.822	0.751	0.591	0.7401
√	√	×4	√	√	～1	√	0.819	0.720	0.582	0.7328

GTE 模块的主要目的是通过卫星视频帧特征之间的交互增强地物目标的特征表达，GTE 模块使得提出方法的 GAP 由 0.7153 提升至 0.7410，说明了 GTE 模块的有效性，但是 Hit@1、PERR 和 mAP 指标值略微降低，主要原因在于整体地物目标特征的增强，对于样本数量少的地物目标的特征的学习有抑制作用[53]。

在对 GSE 的消融实验中，本节首先对 GSE 模块的有效性进行了验证，然后进一步探究了堆叠不同的 GSE 模块对于卫星视频多标签场景分类精度的影响。GSE 模块将提出方法的 GAP 由 0.7153 提升至 0.7360，说明了 GSE 模块的有效性，空间局部特征的交互有助于提升卫星视频中地物目标的特征的表达。当 GSE 模块的堆叠数量逐步由 1 提升至 4 时，提出方法的 GAP 逐步由 0.7360 提升至 0.7505，主要原因在于多层堆叠的 GSE 模块使得局部特征之间的交互由低阶提升至高阶，有助于进

一步增强卫星视频中地物目标的特征，并且 mAP 逐步由 0.550 提升至 0.593，说明了 GSE 模块对于卫星视频场景中不同类别地物目标的特征均有增强作用。

表 4-1 展示了融合单元对 GTE 和 GSE 模块编码的特征使用不同的可学习的融合权重时的分类精度。①当使用两个范围为 $(-\infty, +\infty)$ 的可学习权重时，GAP、mAP、PERR 和 Hit@1 指标值下降较大，主要原因是不限定融合权重的学习范围导致模型容易学习到错误的融合权重，影响分类精度；②当使用可学习的带 sigmoid 激活函数的融合权重时，融合权重的值被限定在[0,1]，GAP 提升至 0.7531，说明合理的空间、时序特征的融合能够有效提升卫星视频多标签场景分类的精度；③当把②的融合权重的学习范围提升至[0,2]时，GAP 分类精度下降，主要原因是大的融合权重容易造成特征冗余，导致分类精度降低；④当在②的基础上增加 softmax 函数时，GTE 和 GSE 模块编码特征的融合权重之和被限定为 1，并且两个融合权重的学习相互关联，学习难度增加，GAP 分类精度降低。

为了进一步探究不同全局空间、时序特征融合权重 W_f^{s+}、W_f^{t+} 对卫星视频多标签场景分类精度的影响，本节通过手工设置分别在权重范围为[0,2]、[0,1.3]时，每隔 0.1 生成一组融合权重组合，对 260 种可能的融合权重组合分别进行实验，实验的 GAP 分类精度的可视化结果如图 4-7 所示。

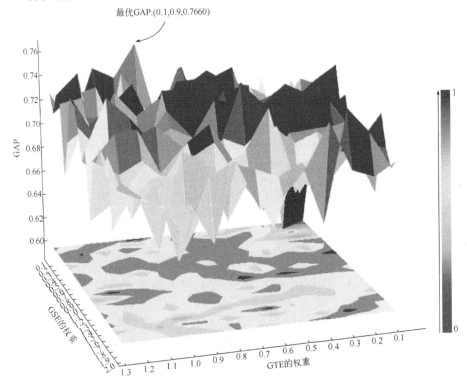

图 4-7　GTE 和 GSE 特征的不同融合权重组合的 GAP

　　当 GSE 特征的融合权重为 0.1，GTE 特征的融合权重为 0.9 时，GAP 分类精度最高为 0.7660，说明了合理设置融合权重能够有效提升卫星视频多标签场景分类的精度，同时也说明了通过训练学习最优的融合权重对于网络而言并不容易。

　　为了探究 GSE 特征与 GTE 特征在融合中对分类精度的影响，以图 4-7 中的最优 GAP 值的融合权重为参考点进行分析。图 4-8 展示了当 GTE 特征的融合权重固定为 0.9 时，GSE 特征的融合权重变化对分类精度值的影响，红色曲线为不同指标值的折线图，蓝色曲线为不同指标值的拟合曲线图。随着 GSE 特征的逐步增加，Hit@1、PERR、mAP 和 GAP 指标值的整体趋势是先增加后降低，主要原因是卫星视频中相邻帧间的静态地物目标基本不变，过多的空间特征信息容易造成信息冗余从而导致分类精度降低。图 4-9 展示了当 GSE 特征的融合权重固定为 0.1 时，GTE 特征的融合权重变化对分类精度的影响，随着 GTE 特征的逐步增加，Hit@1、PERR、mAP 和 GAP 指标值的整体趋势为逐步增加，说明了长时序特征编码对卫星视频多标签场景分类的有效性和重要性。

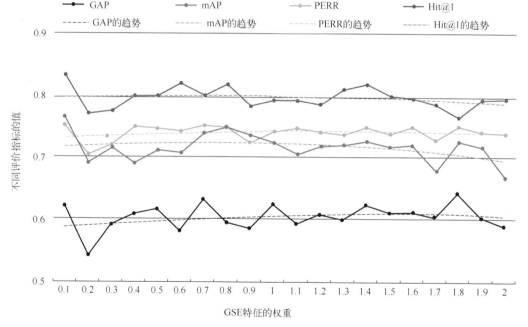

图 4-8　当 GTE 特征的融合权重为 0.9 时，Hit@1 不同融合权重的 GSE 特征的 PERR、
mAP 和 GAP 值

　　(2) BDFE 模块的有效性。

　　对 BDME 模块中的 LTFE、FDFE、BDFE 和融合模块分别进行了消融实验，结果如表 4-2 所示。当仅使用 LTFE 编码卫星视频的长时序特征时，GAP 分类精度为

0.7660，FDFE 编码的前向差分运动特征和 BDFE 编码的反向差分运动特征使得提出方法的 GAP 分类精度分别提升至 0.7719 和 0.7806，且 Hit@1、PERR 和 mAP 指标值均提升，说明通过编码帧间的变化信息，建模目标潜在的运动特征，对于提升不同卫星视频场景的分类精度均有效。

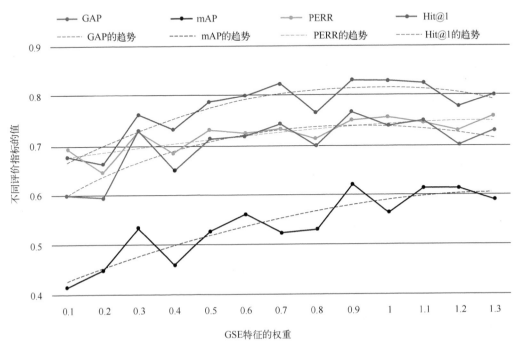

图 4-9　当 GSE 特征的融合权重为 0.1 时，Hit@1 不同融合权重的 GTE 特征的 PERR、mAP 和 GAP 值

表 4-2　包含 LTFE、FDFE、BDFE 和融合模块的 BDFE 的消融实验

LTFE	FDFE	BDFE	融合模块					Hit@1	PERR	mAP	GAP
			是否添加	权重更新	sigmoid		softmax				
					有/无模块加入	范围					
√								0.832	0.752	0.621	0.7660
√	√							0.839	0.758	**0.637**	0.7719
√		√						0.834	0.769	0.623	0.7806
√	√	√	√					0.800	0.752	0.610	0.7532
√	√	√		√				0.848	0.763	0.603	0.7808
√	√	√		√	√	~1		**0.869**	**0.787**	0.633	**0.8106**
√	√	√		√	√	~2		0.826	0.767	0.595	0.7641
√	√	√		√	√	~1	√	0.792	0.736	0.635	0.7456

　　在融合单元，简单地将编码的双向差分运动特征与编码的长时序特征相加进行融合，GAP 分类精度明显降低(0.7532)，主要原因是融合造成的信息冗余。当使用两个可学习的权重分别对编码的双向差分运动特征进行融合时，GAP 分类精度稍微提高(0.7808)，而当进一步将学习的权重值通过 sigmoid 激活函数限定在[0,1]范围时，提出方法的 GAP 分类精度明显提升(0.8106)，说明模型在较小范围内更容易学习到较优的融合权重；当把学习的权重值的范围扩大至[0,2]或使用 softmax 函数将两个融合权重关联时，模型的分类精度均降低，主要原因是大的融合权重值容易导致信息冗余，关联的学习方式较难学习到合适的融合权重。

　　为了进一步探索 FDFE 和 BDFE 特征对卫星视频多标签场景分类的影响，通过手工设计尝试了不同的融合权重组合。FDFE 特征和 BDFE 特征的范围为[0.3,0.7]，步长为 0.1。图 4-10 显示了不同融合权重下 GAP 分类精度的可视化结果。当 BDFE 特征的融合权重为 0.3，FDFE 特征的合并权重为 0.7 时，最优 GAP 值为 0.7828，低于通过可学习权重获得的 0.8106。手工制作的融合权重并不能涵盖最佳组合，因为考虑到成本，这里的权重范围很小。换句话说，一个好的特征融合策略很重要。在大多数情况下 Hit@1、PERR、mAP 和 GAP 结果，当 BDFE 特征的融合权重为 0.5 或 0.6 时，它们的趋势会发生变化，从下到上再到下。这表明 FDFE 特征和 BDFE 特征在一定程度上是相互依存的。当它们的融合权重高于特定阈值时，它们的融合可能会导致特征冗余，从而获得较差的分类性能。

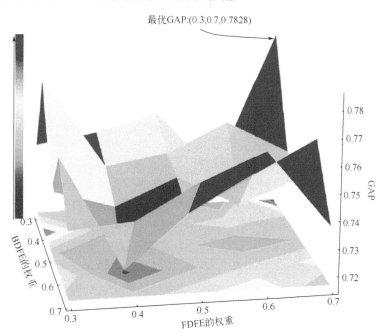

图 4-10　Hit@1BDFE 和 FDFE 特征的不同融合权重的 PERR、mAP 和 GAP 值

2) 对比方法

Willow[28] 是一个视频多标签分类框架，在其中集成了多种分类方法，包括 Gated NetVLAD、Gated NetFV、Gated Soft-DBoW、Soft-DBoW、Gated NetRVLAD、GRU 和 LSTM 等 7 种基于有序和无序时序特征编码的分类方法，其中 Gated 表示使用了文献[28]提出的可学习的上下文池化模块。

YT8M-T[43] 是一个多模型集成的方法，包括 Gated Non-local NetVLAD、Gated Non-local NetRVLAD、Soft-BoF-4K、Soft-Bof-8K、GRU 等，Non-local 为 YT8M-T 引入的一种通过建模聚类中心之间的关系增强 NetVLAD 特征的策略。

Teacher-Student[44] 基于知识蒸馏，利用一个计算复杂度高、使用所有视频帧生成视频整体特征表示的 Teacher 网络，帮助训练一个轻量、使用少数视频帧即可生成视频整体特征表示的 Student 网络，在推理阶段，仅使用 Student 网络进行预测。

NeXtVLAD[41] 是 NetVLAD 的轻量版本，借鉴 ResNetXt 的思想，通过将时序维度上的高维特征分解为带有注意力的低维特征，降低 NetVLAD 特征编码阶段的计算复杂度。

3) 对比实验

本节对比了 STFCE 方法和目前先进的 10 种方法在 SAT-MTB-MLSC 测试集上的效果，实验结果如表 4-3 所示，基于有序特征编码的分类方法的 GAP 分类精度整体高于基于无序特征编码的分类方法，主要原因是卫星视频中帧间特征的变化、地物目标的运动等信息与视频序列的顺序强相关，基于无序特征编码的分类方法在一定程度上破坏或忽略了这种先验信息，不利于表示地物目标的特征。

在基于无序特征编码的分类方法中，基于 NetVLAD 的 Gated NetVLAD 和 Gated NetRVLAD 方法的 GAP 分类精度较高，分别为 0.7009 和 0.6141，NetRVLAD 简化了 NetVLAD 对特征的聚类方式，直接对原始特征而非特征与聚类中心的距离进行建模，可以同时提高计算效率和分类精度，其主要原因是聚类中心点的位置比较难以确定，网络训练较为困难；NeXtVLAD 相较于 Gated NetVLAD 和 Gated NetRVLAD 的 GAP 分类精度明显下降，说明低维的特征表示虽然能够提升计算效率，但是同时损失了许多地物目标的细节特征。Gated Soft-DBoW 与 Soft-DBoW 取得了几乎相当的 GAP 分类精度（0.3429 vs 0.3478），主要原因可能是 Soft-DBoW 对于卫星视频场景中地物目标特征的表示能力有限，并不能体现门控单元的有效性。

有序特征编码方式 LSTM 的 GAP 分类精度高于 GRU（0.7153 vs 0.6560），GRU 使用两个门控单元控制信息的传递，LSTM 使用三个门控单元控制信息的传递，虽然 GRU 的计算效率更高，但是在复杂的卫星视频场景中 LSTM 的适应性高于 GRU；Teacher-Student 使用分层的 LSTM 作为网络的基础结构，但是 GAP 分类精度高于 LSTM 网络（0.7210 vs 0.7153），主要原因是，Student 网络学习的是 Teacher 网络预测的不同类别的概率分布，而非 0/1 表示的真值标注，是一种软匹配策略，更加容易学习；YT8M-T 方法较差的原因在于集成的多个模型中分类精度较差的子模型会影响集成模型的整体分类精度。

STFCE 方法的 Hit@1、PERR、mAP、GAP 分类精度指标值和测试损失均优于对比方法，充分体现了提出方法在增强卫星视频场景地物目标特征和运动特征编码方面的有效性，mAP 指标值的提升说明了这类改进对大多数不同的类别均有效。

表 4-3　不同最先进方法的分类结果比较

方法		特征提取	Hit@1	PERR	mAP	GAP	测试误失
Willow	Gated NetVLAD	Inception+PCA	0.713	0.615	0.532	0.6141	7.82
	Gated NetFV		0.348	0.467	0.435	0.3402	7.55
	Gated Soft-DBoW		0.208	0.315	0.477	0.3429	12.25
	Soft-DBoW		0.225	0.335	0.475	0.3478	11.62
	Gated NetRVLAD		0.850	0.702	0.516	0.7009	7.77
	GRU		0.699	0.578	0.449	0.6560	4.89
	LSTM		0.798	0.748	0.597	0.7153	5.22
YT8M-T			0.587	0.633	0.574	0.5580	5.00
Teacher-Student(H-LSTM)			0.777	0.699	0.475	0.7210	4.08
NeXtVLAD			0.576	0.416	0.460	0.5170	7.32
STFCE			**0.869**	**0.787**	**0.633**	**0.8106**	**3.38**

为了比较不同方法在不同类别上的预测效果，分别计算了得分阈值为 0.4 和 0.7 时，排名前 6 的预测中不同类别的召回率 $R_e^6(\tau)$，结果如图 4-11 所示。在不同阈值下，STFCE 方法在绝大多数类别上的召回率较高，说明了提出的 GSTE 模块对于不同类别地物目标特征尤其是小目标或包含小目标的类别如 harbor、parking lot 等的特征增强的有效性，同时运动目标如 moving car、moving plane 等，长宽比失衡目标如 moving train、railway 等的分类精度较高，但是对训练样本较少的类别如 bridge、railway station、stadium 等分类精度较差，主要原因是提出的 GSTE 通过目标之间的相似性增强目标的特征，对于地物目标样本数量较少的类别增强不明显，甚至样本数量多的类别会抑制样本数量少的地物目标类别特征的学习[53]。

对比不同阈值下不同类别的召回率可知，当得分阈值提高时，所有对比方法不同类别的召回率明显下降，如图 4-11 所示，主要原因是对比方法直接应用于卫星视频场景时，无法有效学习场景中外观缺失小目标的特征表示，导致产生大量低质量的预测，而 STFCE 方法在得分阈值较高时，不同类别的召回率仍然较高，尤其是运动目标、小目标、长宽比失衡目标，说明了提出方法在增强卫星视频场景地物目标特征和建模目标运动特征方面的有效性。不同方法在不同卫星视频场景的排名前 6 的可视化预测结果如图 4-12 所示，红色表示正确的预测，绿色表示错误的预测。

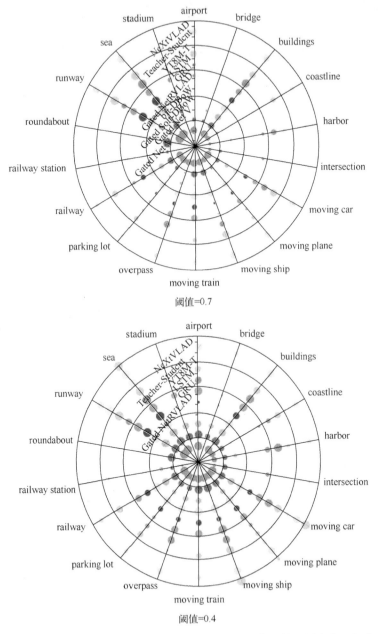

图 4-11　当得分阈值分别为 0.7 和 0.4 时，各个类别的召回率的可视化

 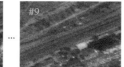  

(a) 真值标注: buildings, moving car, moving train, parking lot, railway

方法	排名前 6 的预测结果					
STFCE	moving car (0.99)	buildings (0.97)	railway (0.85)	moving train (0.94)	overpass (0.54)	parking lot (0.39)
NeXtVLAD	moving car (0.55)	moving ship (0.45)	sea (0.40)	buildings (0.40)	airport (0.34)	parking lot (0.32)
Teacher-Student	moving car (0.90)	buildings (0.55)	moving train (0.08)	railway (0.07)	overpass (0.04)	moving plane (0.02)
YT8M-T	runway (0.45)	buildings (0.30)	moving car (0.24)	moving plane (0.20)	railway (0.20)	airport (0.14)
LSTM	railway (0.92)	moving car (0.91)	buildings (0.86)	moving train (0.70)	parking lot (0.19)	stadium (0.12)
Gated NetRVLAD	moving car (0.87)	buildings (0.77)	moving train (0.75)	overpass (0.49)	parking lot (0.47)	railway (0.38)

(b) 真值标注: airport, moving car, moving plane, parking lot, runway

方法	排名前 6 的预测结果					
STFCE	moving plane (0.98)	parking lot (0.90)	runway (0.89)	airport (0.87)	moving car (0.77)	buildings (0.05)
NeXtVLAD	moving car (0.48)	moving ship (0.45)	sea (0.42)	moving plane (0.40)	buildings (0.34)	airport (0.34)
Teacher-Student	moving plane (0.99)	runway (0.95)	airport (0.94)	moving car (0.78)	parking lot (0.50)	intersection (0.15)
YT8M-T	runway (0.64)	build moving plane ings (0.43)	airport (0.32)	moving car (0.23)	sea (0.13)	buildings (0.10)
LSTM	moving plane (1.00)	runway (0.96)	airport (0.96)	moving car (0.93)	parking lot (0.48)	buildings (0.17)
Gated NetRVLAD	moving plane (0.58)	runway (0.58)	airport (0.53)	parking lot (0.47)	moving car (0.40)	buildings (0.31)

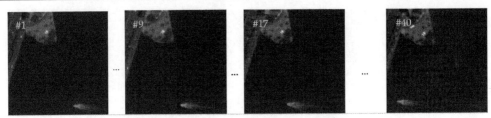

(c)真值标注: bridge, moving car, coastline, sea, moving ship

方法	排名前 6 的预测结果				
STFCE	sea (1.00)	moving ship (0.90)	coastline (0.85)	moving car (0.08)	buildings (0.05)	parking lot (0.02)
NeXtVLAD	sea (0.51)	moving ship (0.50)	moving car (0.46)	moving plane (0.34)	airport (0.32)	buildings (0.30)
Teacher-Student	sea (0.99)	coastline (0.67)	moving ship (0.42)	moving car (0.23)	harbor (0.21)	buildings (0.05)
YT8M-T	sea (0.43)	runway (0.30)	moving ship (0.24)	moving car (0.16)	buildings (0.15)	moving plane (0.07)
LSTM	sea (1.00)	moving ship (0.96)	coastline (0.94)	moving plane (0.30)	parking lot (0.20)	buildings (0.07)
Gated NetRVLAD	sea (0.84)	moving ship (0.49)	coastline (0.22)	bridge (0.17)	runway (0.04)	buildings (0.02)

图 4-12　不同分类方法对不同卫星视频场景的预测结果

　　本节介绍了一种基于空间和时序特征协同编码的卫星视频多标签场景分类方法（STFCE），是业内首个面向卫星视频的多标签场景分类方法，主要解决现有面向通用视频设计的多标签分类方法直接应用于卫星视频场景易产生低质量预测造成分类精度低的问题，通过全局空间和时序特征的交互增强包含小目标场景的特征，并通过对视频帧间变化信息的长时序编码，建模场景中目标潜在的运动信息，以获得目标鲁棒的特征表示，实现卫星视频场景准确的多标签预测，充分的实验结果表明了方法的有效性，目前卫星视频多标签场景分类仍是一片待开发的蓝海，包含小目标场景特征的表示、长时序特征的编码、空间-时序特征的融合等是未来值得研究的方向。

参 考 文 献

[1]　Lazebnik S, Schmid C, Ponce J. Beyond bags of features: spatial pyramid matching for recognizing natural scene categories//IEEE Computer Society Conference on Computer Vision and Pattern Recognition, New York, 2006.

[2] Sánchez J, Perronnin F, Mensink T, et al. Image classification with the fisher vector: theory and practice. International Journal of Computer Vision, 2013, 105: 222-245.

[3] Cheriyadat A M. Unsupervised feature learning for aerial scene classification. IEEE Transactions on Geoscience and Remote Sensing, 2013, 52(1): 439-451.

[4] Yan C, Li L, Zhang C, et al. Cross-modality bridging and knowledge transferring for image understanding. IEEE Transactions on Multimedia, 2019, 21(10): 2675-2685.

[5] Chaib S, Liu H, Gu Y, et al. Deep feature fusion for VHR remote sensing scene classification. IEEE Transactions on Geoscience and Remote Sensing, 2017, 55(8): 4775-4784.

[6] Li E, Xia J, Du P, et al. Integrating multilayer features of convolutional neural networks for remote sensing scene classification. IEEE Transactions on Geoscience and Remote Sensing, 2017, 55(10): 5653-5665.

[7] He N, Fang L, Li S, et al. Remote sensing scene classification using multilayer stacked covariance pooling. IEEE Transactions on Geoscience and Remote Sensing, 2018, 56(12): 6899-6910.

[8] Yi S, Pavlovic V. Spatio-temporal context modeling for BoW-based video classification// Proceedings of the IEEE International Conference on Computer Vision Workshops, Sydney, 2013.

[9] Zhao G, Ahonen T, Matas J, et al. Rotation-invariant image and video description with local binary pattern features. IEEE Transactions on Image Processing, 2011, 21(4): 1465-1477.

[10] Scovanner P, Ali S, Shah M. A 3-dimensional sift descriptor and its application to action recognition//The 15th ACM International Conference on Multimedia, Augsburg, 2007.

[11] Derpanis K G, Lecce M, Daniilidis K, et al. Dynamic scene understanding: the role of orientation features in space and time in scene classification//IEEE Conference on Computer Vision and Pattern Recognition, Providence, 2012.

[12] Wang H, Ullah M M, Klaser A, et al. Evaluation of local spatio-temporal features for action recognition//British Machine Vision Conference, London, 2009.

[13] Wang H, Kläser A, Schmid C, et al. Dense trajectories and motion boundary descriptors for action recognition. International Journal of Computer Vision, 2013, 103: 60-79.

[14] Wang H, Schmid C. Action recognition with improved trajectories//Proceedings of the IEEE International Conference on Computer Vision, Sydney, 2013.

[15] Karpathy A, Toderici G, Shetty S, et al. Large-scale video classification with convolutional neural networks//Proceedings of the IEEE Conference on Computer Vision and Pattern Recognition, Columbus, 2014.

[16] Hara K, Kataoka H, Satoh Y. Can spatiotemporal 3D CNNs retrace the history of 2D CNNs and imagenet?//Proceedings of the IEEE Conference on Computer Vision and Pattern Recognition,

Salt Lake City, 2018.

[17] Hara K, Kataoka H, Satoh Y. Learning spatio-temporal features with 3D residual networks for action recognition//Proceedings of the IEEE International Conference on Computer Vision Workshops, Venice, 2017.

[18] Tran D, Bourdev L, Fergus R, et al. Learning spatiotemporal features with 3D convolutional networks//Proceedings of the IEEE International Conference on Computer Vision, Santiago, 2015.

[19] Simonyan K, Zisserman A. Two-stream convolutional networks for action recognition in videos//Advances in Neural Information Processing Systems, Montreal, 2014.

[20] Donahue J, Anne H L, Guadarrama S, et al. Long-term recurrent convolutional networks for visual recognition and description//Proceedings of the IEEE Conference on Computer Vision and Pattern Recognition, Boston, 2015.

[21] Srivastava N, Mansimov E, Salakhudinov R. Unsupervised learning of video representations using LSTMS//International Conference on Machine Learning, Lille, 2015.

[22] Yue-Hei N J, Hausknecht M, Vijayanarasimhan S, et al. Beyond short snippets: deep networks for video classification//Proceedings of the IEEE Conference on Computer Vision and Pattern Recognition, Boston, 2015.

[23] Zhu L, Xu Z, Yang Y. Bidirectional multirate reconstruction for temporal modeling in videos//Proceedings of the IEEE Conference on Computer Vision and Pattern Recognition, Hawaii, 2017.

[24] Feichtenhofer C, Pinz A, Wildes R P. Temporal residual networks for dynamic scene recognition//Proceedings of the IEEE Conference on Computer Vision and Pattern Recognition, Hawaii, 2017.

[25] Gu Y, Liu H, Wang T, et al. Deep feature extraction and motion representation for satellite video scene classification. Science China Information Sciences, 2020, 63: 1-5.

[26] Wang T, Gu Y, Gao G. Satellite video scene classification using low-rank sparse representation two-stream networks. IEEE Transactions on Geoscience and Remote Sensing, 2022, 60: 1-2.

[27] Wu Z, Jiang Y G, Wang X, et al. Multi-stream multi-class fusion of deep networks for video classification//Proceedings of the 24th ACM International Conference on Multimedia, Melbourne, 2016.

[28] Miech A, Laptev I, Sivic J. Learnable pooling with context gating for video classification. arXiv Preprint, 2017.

[29] Cho K, van Merriënboer B, Gulcehre C, et al. Learning phrase representations using RNN encoder-decoder for statistical machine translation. arXiv Preprint, 2014.

[30] Semeniuta S, Severyn A, Barth E. Recurrent dropout without memory loss. arXiv Preprint, 2016.

[31] Chen S, Wang X, Tang Y, et al. Aggregating frame-level features for large-scale video classification. arXiv Preprint, 2017.

[32] Li F, Gan C, Liu X, et al. Temporal modeling approaches for large-scale youtube-8m video understanding. arXiv Preprint, 2017.

[33] Skalic M, Pekalski M, Pan X E. Deep learning methods for efficient large scale video labeling. arXiv Preprint, 2017.

[34] Lee J, Reade W, Sukthankar R, et al. The 2nd youtube-8m large-scale video understanding challenge//Proceedings of the European Conference on Computer Vision (ECCV) Workshops, Munich, 2018.

[35] Ostyakov P, Logacheva E, Suvorov R, et al. Label denoising with large ensembles of heterogeneous neural networks//Proceedings of the European Conference on Computer Vision (ECCV) Workshops, Munich, 2018.

[36] Garg S. Learning video features for multi-label classification//Proceedings of the European Conference on Computer Vision (ECCV) Workshops, Munich, 2018.

[37] Passalis N, Tefas A. Learning neural bag-of-features for large-scale image retrieval. IEEE Transactions on Systems, Man, and Cybernetics, 2017, 47(10): 2641-2652.

[38] Arandjelovic R, Gronat P, Torii A, et al. NetVLAD: CNN architecture for weakly supervised place recognition//Proceedings of the IEEE Conference on Computer Vision and Pattern Recognition, Las Vegas, 2016.

[39] Skalic M, Austin D. Building a size constrained predictive model for video classification// Proceedings of the European Conference on Computer Vision (ECCV) Workshops, Munich, 2018.

[40] Xie S, Girshick R, Dollár P, et al. Aggregated residual transformations for deep neural networks//Proceedings of the IEEE Conference on Computer Vision and Pattern Recognition, Hawaii, 2017.

[41] Lin R, Xiao J, Fan J. NeXtVLAD: an efficient neural network to aggregate frame-level features for large-scale video classification//Proceedings of the European Conference on Computer Vision (ECCV) Workshops, Munich, 2018.

[42] Kmiec S, Bae J, An R. Learnable pooling methods for video classification//Proceedings of the European Conference on Computer Vision (ECCV) Workshops, Munich, 2018.

[43] Tang Y, Zhang X, Ma L, et al. Non-local NetVLAD encoding for video classification// Proceedings of the European Conference on Computer Vision (ECCV) Workshops, Munich, 2018.

[44] Bhardwaj S, Srinivasan M, Khapra M M. Efficient video classification using fewer frames// Proceedings of the IEEE/CVF Conference on Computer Vision and Pattern Recognition, Long

Beach, 2019.

[45] Guo W, Li S, Chen F, et al. Satellite video multi-label scene classification with spatial and temporal feature cooperative encoding: a benchmark dataset and method. IEEE Transactions on Image Processing, 2024, 33: 2238-2251.

[46] Szegedy C, Liu W, Jia Y, et al. Going deeper with convolutions// Proceedings of the IEEE Conference on Computer Vision and Pattern Recognition, Boston, 2015.

[47] Xiao H Z, Ya F L, Ai P B, et al. A fine-grained object detection framework based on fixed RoI masking and feature optimization in optical remote sensing images//2021 International Conference on Control, Automation and Information Sciences (ICCAIS), Xi'an, 2021.

[48] Devaki P, Vineetha P N, Reddy C H, et al. Fine-grained feature enhancement for object detection in remote sensing images. International Research Journal of Modernization in Engineering Technology and Science, 2023, 5(3): 2112-2118.

[49] Li Y, Jiao L, Huang Z, et al. Deep learning-based object tracking in satellite videos: a comprehensive survey with a new dataset. IEEE Geoscience and Remote Sensing Magazine, 2022, 10(4): 181-212.

[50] Yin Q, Hu Q, Liu H, et al. Detecting and tracking small and dense moving objects in satellite videos: a benchmark. IEEE Transactions on Geoscience and Remote Sensing, 2021, 60: 1-8.

[51] Gu Y, Wang T, Jin X, et al. Detection of event of interest for satellite video understanding. IEEE Transactions on Geoscience and Remote Sensing, 2020, 58(11): 7860-7871.

[52] Jacobs R A, Jordan M I, Nowlan S J, et al. Adaptive mixtures of local experts. Neural Computation, 1991, 3(1): 79-87.

[53] Wang T, Zhu Y, Zhao C, et al. Adaptive class suppression loss for long-tail object detection// Proceedings of the IEEE/CVF Conference on Computer Vision and Pattern Recognition, 2021.

第 5 章　视频目标检测

5.1　背景介绍

5.1.1　任务简介

视频目标检测从视频中将感兴趣目标从背景图像中自动提取出来,其主要包括:①定位感兴趣目标在视频帧中的位置;②判别感兴趣目标的类别。该任务的示例如图 5-1 所示。视频目标检测任务相比于静态图像目标检测任务,目标的外观、尺度等属性会随着目标的运动发生变化,在检测过程中如何保持目标在时间顺序上的一致性从而使目标在中间帧不会丢失,这是视频目标检测任务的主要难点。

卫星视频为同一地区的连续时序图像,信息内容丰富,包含典型目标的空间图像特征与时序运动特征,有助于飞机、舰船、火车、车辆等地面目标提取。由于卫星视频图像的广域性与复杂性、典型目标尺寸小且特征不显著、卫星平台移动造成的镜头抖动或全局背景移动等因素,现有通用视频目标检测方法难以直接迁移至卫星视频应用,需要根据卫星视频场景与目标特点进行针对性研究。

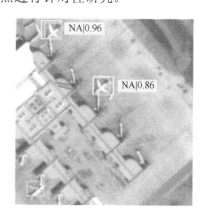

(a) 视频帧　　　　　　　　　　　　　　　　　　　(b) 检测结果

图 5-1　卫星视频目标检测

卫星视频目标检测方法的主要关注点之一是对视频数据时序信息的探索,传统卫星视频目标检测方法,如基于帧间差分[1]和背景建模[2]的视频目标检测方法,借助人工经验，利用相邻两帧或几帧视频图像中的时序信息消除无用的背景信息，提升目标检测的精度，这类方法实现简单，但仅适用于视频背景简单且变化较小的场景，难以适应卫星视频目标运动模糊、背景移动等复杂场景。

基于深度学习的卫星视频目标检测方法，通过适应性地改变深度网络架构，在数据量充足的情况下，能够从输入数据中自主学习目标特征，无需复杂低效的手动特征工程。这种自动特征学习能力不仅简化了开发过程，还增强了模型对不同条件的适应性，如光照、天气和场景的变化。此外，深度学习框架的可扩展性以及软硬件优化的进步，使得对卫星视频的实时处理成为可能。但是当目标标注样本数据量不足时，基于深度学习的卫星视频目标检测方法容易出现模型过拟合、泛化性差等问题，检测效果不理想。

5.1.2　方法概述

相对于基于图像的目标检测任务，视频目标检测最大的特点是增加了时序上下文信息，通过利用视频帧间的连接对应关系和相似性，不仅可以提升当前帧的目标检测精度，还可以避免对冗余信息的重复处理，提升目标检测效率。卫星视频目标检测任务的困难和挑战主要体现在目标尺寸小、特征不显著、前景和背景对比度低、视频帧清晰度差等目标特点和数据本身问题上。

(1)基于传统方法的卫星视频目标检测。

传统的卫星视频目标检测方法通过捕捉卫星视频中的变化区域并将运动前景从背景图像中提取出来实现目标检测，主要包括基于背景建模的方法和基于帧间差分的方法。

基于背景建模的方法中，Yang 等人[3]提出了一种显著性背景模型，对卫星视频中的运动区域进行增强并分割运动前景，然后基于轨迹积累判别实现车辆目标检测。Ao 等人[4]提出了一种基于局部噪声建模的检测算法，首先提取卫星视频车辆目标的概率分布，并对噪声干扰进行修正以获取检测结果。Lei 等人[5]提出了基于时空信息的卫星视频车辆检测方法，该方法基于背景建模方法获得运动热量映射图像并约束运动区域，进一步结合帧间的重域信息和时间信息进行优化。Zhang 等人[6-8]提出了基于低秩结构稀疏分解的系列方法，第一个方法[6]通过扩展有界误差分解公式，将卫星视频分解为低秩背景、结构化稀疏前景及其残差，并引入交替方向乘子实现运动车辆目标检测；在其提出的另一个方法[7]中，将基于批处理的低秩矩阵分解与结构化稀疏惩罚重新定义为等效的框架可分离矩阵，通过在线处理方式进行前背景分离和子空间基交替更新，获取视频逐帧的检测结果；Zhang 等人还提出了一种移动信任辅助矩阵分解模型，通过前景正则化和基于密集光流估计的运动置信度，提取卫星视频运动车辆[8]。

基于帧间差分的方法中，Zhang 等人[9]基于局部变量阈值分割图像，结合多帧目标运动与卫星姿态运动信息的相关性实现目标检测。Li 等人[10]提出了一种面向卫星视频多尺度运动舰船的自动检测与跟踪方法，该方法基于两帧间的运动补偿，结合多尺度差分图像的显著性映射，实现运动舰船检测。Shi 等人[11]设计了一种归一化帧差检测方法，采用非递归策略实现卫星视频运动飞机检测，进一步通过改进的相似度量方法进行运动目标的旋转不变性检测和模型漂移抑制。Shu 等人[12]提出了融合高斯混合模型和改进的三帧差分框架的卫星视频车辆检测方法，首先采用局部对比度增强提高目标和背景区分度，并通过逻辑运算融合高斯混合模型与三帧差分检测结果，降低因光照变化和背景移动带来的虚警影响。Chen 等人[13]提出了一种自适应运动分离的车辆检测方法，基于微分累积轨迹从前背景分离结果中准确定位运动车辆。Yin 等人[14]提出了一种基于累积多帧差分和低秩矩阵分解的方法，首先利用累积多帧差分模块来提取目标候选区域，然后引入低秩矩阵补全模块的时域轨迹聚合，剔除虚警目标以实现运动车辆的有效检测。

基于传统方法的卫星视频目标检测不依赖目标的标注信息来参与模型训练，仅借助卫星视频中的自身运动变化，因此属于弱监督学习的方式，但是这类方法仅能检测卫星视频中的运动目标，且无法区分目标的类别，目前这类方法几乎均用于检测卫星视频中的运动车辆。此外，当前已公开发布的文献均在小规模或非公开数据集进行测试，各类方法实际的检测性能和鲁棒性表现等还有待统一的基准评估对比来进一步验证。

(2) 基于深度学习的卫星视频目标检测。

深度学习的卫星视频目标检测方法中，Chen 等人[15]首先利用自适应滤波器对卫星视频进行预处理，利用背景差分模型提取初步检测结果，然后利用轻量级的卷积神经网络对其进行虚警消除。Feng 等人[16]提出了一种针对卫星视频中运动车辆的检测与跟踪框架，包含基于跨帧关键点的检测网络(CKDNet)和空间运动信息引导跟踪网络(SMTNet)，其中在检测网络 CKDNet 中，设计了跨帧模块来辅助关键点的检测，有效利用了帧间互补信息，并通过结合关键点周围的尺寸预测和定义超大关键点对的无效匹配抑制来优化检测结果。刘贵阳等人[17]针对卫星视频目标尺寸小的问题，基于 SSD 网络进行改进，提出了质量反卷积单样本检测器(Quality Deconvolution Single Shot Detector，QDSSD)，通过逐步反卷积向上层添加底层细节特征来丰富信息，实现对卫星视频飞机目标的有效检测。Xiao 等人[18]提出了一种动态特征和静态特征融合的双流网络(DSFNet)，采用二维骨干网络提取每一帧中的静态上下文信息，三维骨干网络提取视频动态线索帧，通过融合静态和动态特征并连接检测头，实现对卫星视频中运动车辆的有效检测。Pflugfelder 等人[19]提出了一种基于深度学习的卫星视频车辆检测方法，利用紧凑卷积核提取车辆时空特征信息，并在网络中忽略最大池化和使用弱 ReLU 等，提升车辆检测效果。Zhou 等人[20]提出了一种特征尺度选择和候选框对比度量的检测方法，通过借助外部遥感影像数据集完成算法框架的特征训练和学习，仅依赖少量卫星视频的标注样本即可实现对飞机目标的检测。Pi 等人[21]针对卫星视频车辆目标外观信息不显著，设计特征帧间差分模块获取邻近运动信息，进一步引入 Transformer 来细化目标语义特征，实现运动车辆检测。

(3) 与传统方法相比，基于深度学习的卫星视频目标检测方法能够自主学习目标特征信息，但是鲁棒、泛化性的检测模型严重依赖丰富且高质量的训练标注样本。卫星视频训练数据标注成本高，在前期需要大量的数据准备工作。数据驱动模型的鲁棒性和标注数据的稀缺性之间的矛盾是该领域待解决的技术难题。如何在有限监督信息约束下，面向卫星视频目标特点和数据特性有针对性地设计目标检测方法，是未来卫星视频目标检测研究的发展方向。

5.1.3 应用场景

卫星视频目标检测任务可以应用于一系列不同的场景中。在城市规划和发展中，卫星视频目标检测有助于监测城市蔓延，识别土地利用的变化，并评估基础设施的发展。通过分析卫星视频内容，城市规划者可以深入了解人口密度趋势、交通模式和建成区的扩张，有助于制定可持续城市发展战略和基础设施投资决策。此外，基于卫星的目标检测有助于识别和监测道路、桥梁和公用事业网络等关键基础设施，实现主动维护。

在灾害应对和管理领域，卫星视频目标检测任务在评估飓风、洪水、野火和地震等自然灾害造成的破坏程度方面发挥着关键作用。通过快速分析卫星视频，应急响应人员可以确定破坏区域，优先考虑搜救工作，并更有效地协调救援行动。此外，基于卫星的目标检测有助于监测正在发生的事件，比如通过对火线的检测判断是否有野火，估计火焰的传播，并确定有着火风险的区域，从而促进早期干预和遏制策略，最大限度地减少财产损失，保护人们的生命安全。

环境监测和保护是卫星视频目标检测的另一个重要应用领域。通过分析卫星视频，研究人员和自然资源保护主义者可以跟踪土地覆盖、森林砍伐率和栖息地破碎化的变化，为生物多样性保护工作和生态系统管理提供宝贵的数据。基于卫星的目标检测还可以通过识别野生动物的栖息地、跟踪迁徙模式以及检测偷猎或栖息地破坏的迹象来监测野生动物种群，包括濒危物种。这些信息支持保护规划、栖息地恢复和环境法规执行方面的循证决策，以保护自然生态系统和生物多样性热点。

此外，在农业领域，卫星视频目标检测通过监测作物健康状况、检测虫害和评估不同田地的作物产量变异性，有助于精确农业实践。通过分析卫星视频，农民可以确定作物的压力或营养缺乏区域，优化灌溉时间表，并更有效地确定肥料和农药等投入，从而提高产量并减少对环境的影响。基于卫星视频的目标检测也有助于监测农业基础设施，如灌溉系统和作物储存设施，从而能够进行积极的维护，并最大限度地减少由基础设施故障或效率低下而造成的作物损失。

综上所述，卫星视频目标检测任务可以应用于广泛的场景，涵盖城市规划、灾害管理、环境监测、农业等领域。通过卫星视频和先进的深度学习技术，这些方法为决策者提供了及时和可行的见解，最终将有助于在全球范围内实现可持续发展。

5.2　基于小样本学习的两阶段网络卫星视频飞机目标检测方法

依赖少量的标注样本实现有效的视频目标检测具有重要的应用价值，尤其对于近年来新兴却缺少大规模标注的卫星视频。目前，遥感领域的小样本目标检测主要基于高分辨率遥感图像开展，聚焦于如何提升通用方法对遥感图像多尺度目标、复杂背景的适应性。而卫星视频中的飞机等感兴趣目标主要面临尺寸小、可区分性弱的难点，并且在小样本条件下还面临基类和新类数据的域偏移问题。下面将介绍我们提出的一种基于小样本学习的卫星视频飞机目标检测方法[20]。

5.2.1　问题分析

在小样本学习的目标检测任务定义中[22]，以集合 D_b 的类别作为基类，记为 C_b，每个类别均有充足的标注样本。集合 D_n 的类别称为新类，记为 C_n，每个类别仅有 K 个标注样本可以用于训练（ $K=3,5,10$ ），两个集合的目标类别无交集，即 $C_b \bigcap C_n = \varnothing$。测试集 $T = \{(c_i,b_i), i=1,2,\cdots,N\}$ 表示图像 x 中目标的类别和位置信息，其中类别 $c = \{C_b \bigcup C_n\}$。

本节根据以上定义，设计了基于小样本学习的卫星视频目标检测任务，该任务以卫星视频中的飞机为新类，以对地观测图像目标检测数据集 DIOR[23]作为基类，该数据集也是领域内目标检测和小样本学习的基准数据集之一。为保证基类和新类无交集，本节剔除了 DIOR 中所有包含飞机的图像和标签，以卫星视频的序列帧图像及其飞机标签作为 D_n，训练阶段随机选择 K 个目标用于训练，其余标签用于验证。该任务重点面向样本标注数量少、域迁移的飞机目标检测泛化能力弱等小样本目标检测问题。

由于观测方式和传感器指标等不同，以航空遥感图像为主的 DIOR 数据集空间分辨率可达亚米级，目标结构清晰，视觉特征丰富。相比而言，卫星视频空间分辨率低，处于米级范围，目标较模糊。图 5-2 展示了 DIOR 数据集和卫星视频的飞机样例对比，二者对应的目标尺寸、目标可区分性及整体视觉表现存在明显差异。

COCO[24]和 Chen 等人[25]分别从绝对尺寸(32 像素×32 像素及以下)和相对尺寸(目标面积占比小于 0.12%)对小目标进行定义，据该定义，本节分别统计了 DIOR 数据集和构建的卫星视频数据集中飞机为小目标的数量占比，其中绝对尺寸上二者占比分别为 23.03%和 89.44%,相对尺寸上二者占比分别为 17.07%和 92.46%。由此看出对于卫星视频,其飞机尺寸小是全局性的,如何检测视觉特征和纹理信息匮乏的小目标是该任务的主要难点。

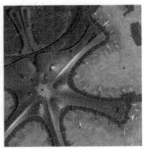

图 5-2 静态航空遥感影像和卫星视频对比

以 DIOR 数据集为基类,卫星视频飞机为新类,模型基于不同的数据源进行训练学习,会因域偏移引起的视觉差异增加小样本条件下的检测难度。此外,由于视频成像过程中受抖动、辐射差异、亮度差异影响,存在对比度低、画面模糊等图像退化现象,卫星视频中飞机和背景的可区分性较弱,这也是该任务面临的挑战之一。因此,作者团队于 2022 年提出了一种基于 Faster R-CNN 的两阶段微调框架用于小样本卫星视频飞机检测,发表在 *Remote Sensing* 上,该方法设计主要以解决小目标、基类和新类域差异、飞机可区分性差等难点为出发点。

5.2.2 方法原理

5.2.2.1 方法框架

该方法为解决飞机尺寸小带来的检测困难,构建特征尺度选择金字塔网络(Feature Scale Selection Pyramid Network,FSSPN),通过对不同层级的特征进行上下文注意力、特征尺度增强、特征尺度选择等操作,充分利用浅层的特征信息以更适应对小尺寸目标的检测。为解决卫星视频对比度差、飞机可区分性弱的问题,在微调阶段引入候选框对比编码损失,通过监督对比学习方式感知目标候选框中目标的类别,实现更鲁棒的目标表示。为降低基类和新类因域偏移带来的视觉差异影响,该方法没有沿用 FSCE(Few-Shot via Contrastive proposal Encoding)[24]等方法对网络多个模块联合微调的策略,仅对分类和回归分支进行微调。方法总体框架如图 5-3 所示。

整个网络主要包括骨干网络、FSSPN、RPN、RoI 特征提取以及分类和回归分支。训练过程分两阶段,在第一阶段以样本量充足的基类训练集为输入,完成网络的基础训练;第二阶段为微调训练,对上一阶段训练的网络权重进行冻结,在基类和新类中，每类目标选择 K 个目标对网络的网络检测头进行微调，并且在损失函数中添加候选框对比学习损失。

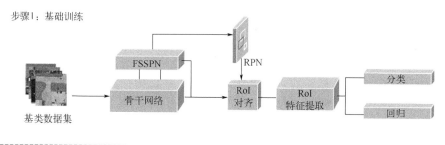

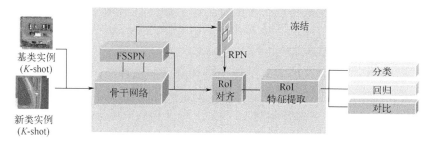

图 5-3 方法总体框架图

方法步骤流程如表 5-1 所示。

表 5-1 方法步骤流程

根据少样本检测的定义，从 D_b 创建训练集 T_{train}，从 $D_b \bigcup D_n$ 创建微调数据集 T_{ft}，从 D_n 创建测试集 T_{test}，$D_b \bigcap D_n = \varnothing$

初始化骨干网络、FSSPN、RPN 和 RoI 特征提取中的参数

for 每个样本 $(X_{train}, Y_{train}) \in T_{train}$ do

　基准训练

end for

冻结骨干网络、FSSPN、RPN、RoI 提取中的参数并修正基准模型回归头的形状

for 每个类别中的 k 个实例 $(X_{ft}, Y_{ft}) \in T_{ft}$ do

　少样本微调

end for

for 每个样本 $(X_{test}, Y_{test}) \in T_{test}$ do

　为每个图像中的飞机生成边界框和类别分数

　计算准确检测的飞机的准确度

end for

5.2.2.2　方法模块

(1)特征尺度选择金字塔网络。

FPN(Feature Pyramid Network)[26]作为一种广泛应用的特征融合策略,通过融合目标高层特征的语义信息和低层特征的位置信息,能够提升网络对多尺度目标的检测性能。尽管 FPN 对检测小尺寸目标有一定的适用性,但其内部不同层特征的相加操作不能自适应地调整相邻的数据流,对于小尺寸目标存在跨层梯度计算不一致的问题,导致目标的深层特征不仅无法有效指导浅层特征的学习,反而会增加网络的训练负担,从而降低了融合特征对目标的表示能力[27]。

为了提升卫星视频中飞机的检测性能,本节通过改进小样本检测框架中的Faster R-CNN,引入上下文注意力、特征尺度增强和特征尺度选择等[28-30]针对小目标的特征提取策略,构建特征尺度选择金字塔网络(FSSPN)替换常规的 FPN,缓解小目标特征融合的跨层梯度计算不一致的问题,让网络更适应对卫星视频飞机的检测,网络结构如图 5-4 所示。

由于在对特征提取层的不同层特征进行融合的过程中,目标特征梯度计算不一致的问题往往存在于跨层阶段而非相邻层,同一目标在相邻层的特征都是以正样本为优化方向。鉴于此,本节构建上下文注意力模块(Contextual Attention Module, CAM)生成分层注意热力图以指明各特征层中的目标对象。在注意热力图的引导下,通过特征尺度增强模块(Feature Scale Enhancement Module, FSEM)让检测器聚焦关注于各层中的特定尺度目标。特征尺度选择模块(Feature Scale Selection Module, FSSM)以分层注意热力图的交叉点为引导信息,在跨层梯度计算过程中由深层向浅层传递更合适的目标特征。

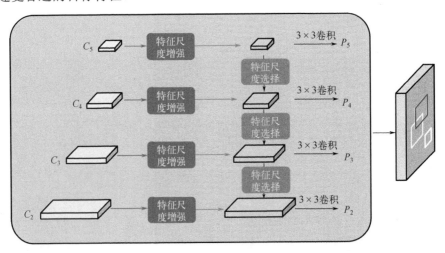

图 5-4　特征尺度选择金字塔网络结构

具体来说，上下文注意力模块先将骨干网络在不同阶段产生的特征进行上采样，进一步对尺寸一致的特征进行拼接，然后采用多尺度空间金字塔池算法（Atrous Spatial Pyramid Pooling, ASPP）[31]提取多尺度特征来寻找目标线索。ASPP 生成的上下文感知特征被传递到一个由多个不同步长的 3×3 卷积和 sigmoid 激活函数组成的激活门，上下文注意力模块的网络结构如图 5-5 所示，生成层次的注意力 A_k

$$A_k = \sigma(\Phi_k(F_c, w, s)) \tag{5-1}$$

其中，σ 为 sigmoid 激活函数，Φ_k 为第 k 层的 3×3 卷积，$w \in \mathbf{R}^{C_{F \times 1 \times 3 \times 3}}$ 为卷积参数，F_c 为 ASPP 生成的上下文感知特征，$s = 2^{k-2}$ 为卷积步长。

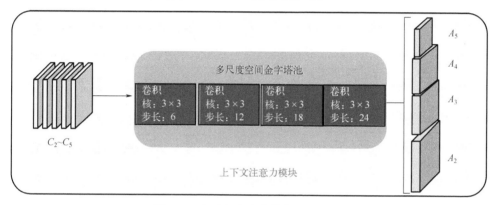

图 5-5 上下文注意力模块网络结构

通过注意力机制将注意力热图与目标锚点在不同层进行关联，将各层中锚点不匹配的目标视作背景，以此生成特定尺寸范围的上下文注意力，突出小尺寸目标，避免其被背景淹没。

特征尺度增强模块通过对具有不同尺度偏好的上下文注意力进行尺度感知，产生尺度感知特征，以增强网络对特定尺度目标线索的挖掘，对应的网络结构图如图 5-6 所示，其运算过程如下

$$F_k^0 = (1 + A_k) \odot F_k^i \tag{5-2}$$

其中，F_k^i 和 F_k^0 分别为输入特征图和输出的尺度感知特征，A_k 为第 k 层的上下文注意力，$\odot$ 表示位置元素乘积运算。

特征尺度选择模块通过将特定尺度范围内目标对应的特征视为合适的特征流入下一层，并弱化其他特征。对于相邻层都能被检测到的目标，其深层特征将提供更多的语义信息并与下一层同时进行优化，模块网络结构图如图 5-7 所示，具体计算流程如下

$$P'_{k-1} = (A_{k-1} \odot f_{mn}(A_k)) \odot f_{nu}(P'_k) + C_{k-1} \tag{5-3}$$

其中，f_{nu} 为上采样操作，P'_k 为第 k 层的合并映射，C_{k-1} 为第 $k-1$ 个残差块的输出。

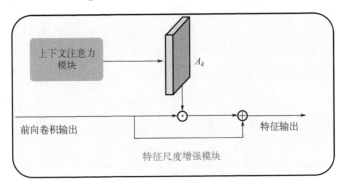

图 5-6　特征尺度增强模块网络结构图

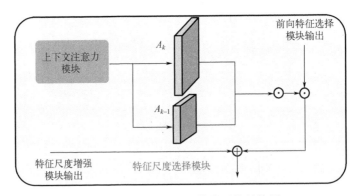

图 5-7　特征尺度选择模块网络结构图

通过引导深层向浅层提供合适的特征，以保证不同层的目标特征遵循相同的梯度方向优化，从而抑制小目标在跨层梯度计算中的不一致性问题，提升对卫星视频飞机的检测性能。

（2）候选框对比编码。

常规 Faster R-CNN 通过对 RoI 提取的特征进行池化和向量化嵌入编码操作后，直接分类和回归的方式难以在小样本条件下获取目标鲁棒性的表示，尤其对于卫星视频中飞机存在可区分性差的问题。本节在网络框架的检测头部分引入与分类分支和定位分支平行的候选框对比编码分支，通过批量对比编码来显式建模目标候选框嵌入向量的差异性，以从少量数据中学习到卫星视频中飞机更鲁棒的特征表示，具体结构图如图 5-8 所示。

具体来说，本节首先将候选框特征编码到对比特征空间 $z \in \mathbf{R}^{D_c}$，之后度量特征 f_x 和目标候选框表示的相似度分数，并在损失函数中添加待优化的对比目标。通过将特征编码至相似对比空间，增加检测模型在小样本学习条件下的泛化性，提升网络对于飞机的识别能力。

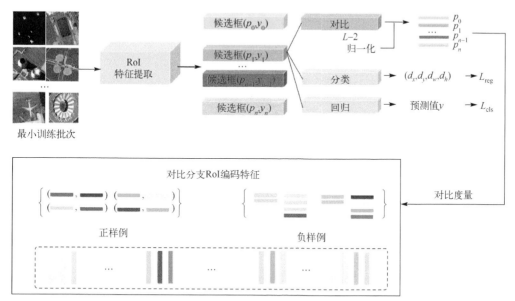

图 5-8　候选框对比编码结构

本节以余弦相似性作为度量方式，具体公式表达为

$$\text{logit}_{\{x,y\}} = \beta \frac{f_x^{\text{T}} w_y}{\|f_x\| \cdot \|w_y\|} \tag{5-4}$$

其中，w_y 为类权重，β 为放大梯度的缩放因子。

(3)损失函数。

本节设计的小样本学习卫星视频飞机检测网络通过一个联合损失函数实现优化，包括 RPN 的损失、检测头分类和回归的损失、FSSPN 的注意力损失以及对比编码损失，具体形式为

$$L = L_{\text{RPN}} + L_{\text{Head}} + L_A + \lambda L_{\text{CPE}} \tag{5-5}$$

其中

$$L_{\text{RPN}} = \frac{1}{N_{\text{bce}}} \sum_{i=1} L_{\text{bce}}(rc_i, rc_i^*) + \frac{1}{N_{\text{reg}}} \sum_{i=1} L_{\text{reg}}(rt_i, rt_i^*) \tag{5-6}$$

$$L_{\text{Head}} = \frac{1}{N_{\text{ce}}} \sum_{i=1} L_{\text{ce}}(hc_i, hc_i^*) + \frac{1}{N_{\text{reg}}} \sum_{i=1} L_{\text{reg}}(ht_i, ht_i^*) \tag{5-7}$$

$$L_A = \alpha L_A^b + \beta L_A^d \tag{5-8}$$

$$L_{\text{CPE}} = \frac{1}{N}\sum_{i=1}^{N} f(u_i) \cdot \frac{-1}{N_{y_i}-1}\sum_{j=1,j\neq 1}^{N}\prod\{y_i=y_j\}\cdot\log\left(\exp(z_i\cdot z_j/\tau)/\sum_{k=1}^{N}\prod_{k\neq i}\cdot\exp(z_i\cdot z_k/\tau)\right)$$

$$(5\text{-}9)$$

对于网络的 RPN 和 Head 部分，边界框回归采用 smooth L1 损失，分类采用二元交叉熵损失，L_{Head} 采用交叉熵损失。对于 L_{RPN}，i 表示在一个 mini-batch 中第 i 个边界框，rc_i 和 rc_i^* 分别表示预测类别的概率分布和标注真值，rt_i 和 rt_i^* 分别表示预测边界框和标注边界框。L_A 表示上下文注意力模块中产生分层注意热力图的损失，其中，α 和 β 分别表示 Dice 损失 L_A^b 和 BCE 损失 L_A^d 的超参数，即使用 BCE 损失来学习分类差的特征，使用 Dice 损失来学习分类分布，以缓解数据的不平衡。L_{CPE} 表示对比编码损失，其中，z_i 为第 i 个候选框的对比表征嵌入，u_i 为 IoU 得分，y_i 为标签值。N_{y_i} 为候选框的数量，$z_i\cdot z_j$ 表示余弦相似度，τ 为正则项温度参数值。

5.2.3　实验与分析

5.2.3.1　实验数据

基类数据：剔除飞机类别后 DIOR 数据集共有 22169 幅图像，包含 19 个类的 182524 个实例。目标类别包括机场、棒球场、篮球场、桥梁、烟囱、大坝、高速公路服务区、高速公路收费站、港口、高尔夫球场、地跑道、立交桥、船舶、体育场、储罐、网球场、火车站、车辆、风车。所有图像尺寸为 800 像素×800 像素，空间分辨率为 0.5～30m。数据集中的各类目标尺度差异大，其中小目标主要集中在车辆、船两类。

新类数据：本节所用的卫星视频数据均由吉林一号卫星拍摄获取，通过精细挑选、裁切，最终选取包含飞机场景的 46 段视频，帧率均为 10FPS，平均时长约 15s，共计 7086 帧图像。与 DIOR 数据集一致，所有视频尺寸为 800 像素×800 像素。为满足视频目标检测需求，对每一帧图像中的飞机进行了全量标注，共计 42563 个飞机实例。在标注数据量充足的基础上，实验数据还具有多样性和丰富度。不同视频获取自不同天气、光照条件下世界范围内不同国家和地区的机场，例如，北京大兴机场、意大利菲乌米奇诺机场、印度英迪拉甘地国际机场、美国阿波利斯圣保罗国际机场、突尼斯迦太基国际机场等。不同飞机在外观视觉、结构形态上也具有较大的类内差异，例如，民航客机、公务机、军用飞机等。此外，实验数据涵盖了飞机几乎所有的运动状态，例如，高速飞行、缓慢滑行、转弯、静止等。

对所提出的方法进行了消融实验以验证其有效性，并与具有代表性和先进性的方法进行了对比实验。

5.2.3.2 消融实验

为了进一步探究本节所提方法中各部分改进对提升卫星视频飞机检测精度的贡献差异，以及不同参数配置组合下的检测性能变化，本节进行了消融实验。首先是对于特征尺度选择金字塔的消融实验，通过在基线方法基础上逐级添加特征尺度增强（FSEM）、特征尺度选择（FSSM）以及扩大冻结区的微调策略调整（Frozen）来分析各步骤对卫星视频飞机检测性能的影响，消融实验结果如表 5-2 所示。

表 5-2　基于小样本学习的卫星视频飞机检测消融实验

基线方法	FSEM	FSSM	Frozen	卫星视频飞机检测 AP		
				3-shot/%	5-shot/%	10-shot/%
√				13.5	34.4	47.5
√	√			13.6	35.2	48.3
√	√	√		14.4	36.2	50.5
√	√	√	√	14.7	37.1	51.3

结果表明，FSEM 的添加能够使网络聚焦于特定尺度范围的目标，而不是广阔的背景，在各 K 值条件下较基线方法检测性能均有所提升。FSSM 通过将目标合适的特征从深层传递到浅层，实现对飞机这类小尺寸目标更有效的多层级特征融合，而规避了因跨层梯度不一致对检测的负面影响，该模块也是对检测性能提升最大的部分，并且随着 K 值的增加，该模块对检测性能提升越明显。通过调整微调策略，扩大冻结区的方式能够降低因基类和新类域差异带来的影响，进一步优化卫星视频飞机的检测性能。

对于候选框对比编码模块，本节设计消融实验分别验证分析有、无候选框对比编码分支对特征分布的影响，以及分支结构中主要超参数对检测性能的影响。本节所提方法以 Faster R-CNN 为基础检测框架，通过 RPN 模块生成区域候选框，并利用 softmax 判断锚点框是否包含目标，即特征属于背景还是飞机。为验证候选框对比编码分支对提升识别卫星视频前景目标的性能表现，分别在有、无候选框对比编码分支的网络进行模型训练，并对测试集进行推理预测，提取候选框对应的特征进行降维处理，检验网络提取的卫星视频前、背景特征在地位空间上的分布表现，如图 5-9 所示。

从对比结果可以看出，在网络中添加候选框对比编码分支，通过显式建模目标嵌入向量，突出了卫星视频飞机与背景对应特征的可分离性，差异性的特征分布更利于网络对卫星视频飞机的检测，验证了候选框对比编码的有效性。此外，还通过消融实验验证了候选框对比编码分支特征维度和式(5-9)中的正则项超参 τ 在不同组合下，对应的小样本学习卫星视频飞机检测精度。

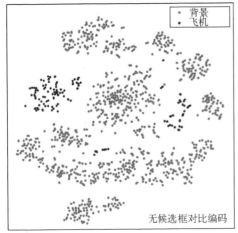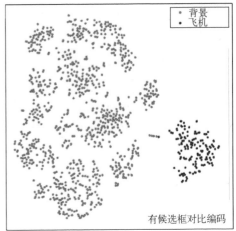

图 5-9　候选框特征 *t*-SNE 结果对比

表 5-3 对比展示了相关参数组合的卫星视频飞机检测结果，可以看出，在小样本条件下的卫星视频飞机检测的精度表现对特征维度的变化并不敏感，128 或者 256 等不同维度下的 AP 变化可忽略不计。而对于不同的超参 τ，对于 0.07、0.2 和 0.5 等不同的经验值，其 AP 随着参量的增加呈现先提升后下降的变化趋势。然而，从 AP 实际表现可以看出，相关超参的具体数值设定对结果的影响相对有限。

表 5-3　候选框对比编码超参数消融实验

K-shot	对比度量维度	τ/%		
		0.07	0.2	0.5
3-shot		14.7	14.7	14.5
5-shot	128	36.9	37.1	37.0
10-shot		50.9	51.3	50.8
3-shot		14.5	14.7	14.1
5-shot	256	36.9	37.0	36.8
10-shot		51.0	51.1	50.7

5.2.3.3　对比实验

为在相同环境配置下进行各类方法的评估与比较，并考虑方法的可复现性，最终选择 Attention-RPN[32]、Fsdetview[33]、FSCE[34]、Meta R-CNN[35]等小样本检测领域最具代表性和先进性的算法与所提方法进行对比。由于所提方法的出发点旨在实现小样本技术在卫星视频中飞机的检测应用，所以各类方法仅评估不同样本条件下（$K=3,5,10$）飞机类别的检测精度，DIOR 数据集中其他类别的检测表现不在关注范围。值得一提的是，在卫星视频中，对于不同的 K 值，随机选择 K 个视频段，并从中各自任选其中 1 个飞机目标用于训练，其他标注用于验证评估。如前文所述，由于卫星视频中飞机的尺寸很小，预测边界框有限的偏移都会导致 IoU 分数的较大波动[36]，所以所提方法以 IoU = 0.5 作为目标评测精度的阈值条件。

　　表 5-4 对比展示了 5 种小样本学习目标检测方法在相同实验配置条件下卫星视频的飞机检测结果对比，可以看出所提方法在不同 K 值条件下（$K = 3,5,10$），AP 表现位列第一或第二，总体优于其他小样本学习的检测方法。

　　具体来说，随着 K 值的增加，各方法的精度均有提升。其中，当 $K = 3$ 时，Meta R-CNN 取得最好的效果，但是随着 K 值的增加，该方法的精度提升逊于所提方法，反映了基于元学习的算法在卫星视频场景下，对于极端少样本具有一定的优势。而随着样本量的增加，所提方法的性能优势不断扩大，在 $K = 10$ 时，二者精度相差 10%，原因在于元学习是以任务为单位进行迭代训练，旨在得到有效且与任务无关的初始化参数，并对于新任务依赖少量的迭代获得较好的性能。

　　相比元学习，基于微调的方法主要依赖少量的新类样本对部分参数的微调，当可供微调的样本数量增加时，其精度表现的优势就会有所体现。Fsdetview 方法在不同 K 值条件下的精度表现均为最差，原因在于该方法主要通过特征图相减并和查询特征图形成聚合维度，本质是较为简单的特征聚合思路，从 Xiao 等人[33]实验对比分析中就可以发现该方法对 COCO 数据集的小目标测试效果欠佳，对卫星视频飞机的检测表现再次印证了该方法对于小目标的局限性，其采用的特征聚合思路不适用小尺寸目标。

　　Attention-RPN 方法基于注意力和多关系关联两个模块对 RoI 的特征"提纯"，基于相似度选出与目标类别一致的预测。而从实际验证结果看，该方法的总体性能较基于微调的方法表现稍差，原因可能是高分辨率的遥感图像和卫星视频不同数据源间存在视觉差异，基类和新类间的域偏移增加了该方法相似度判断的难度，导致测试精度较其他方法无优势。

　　所提方法和 FSCE 具有相似的架构，二者在精度表现上也非常相近，但是在各 K 值下，所提方法表现均更好。原因在于 FSCE 网络采用的 FPN 结构对于卫星视频中的飞机特征进行融合时，由于跨层梯度计算不一致的问题，无法像本节所提方法一样由深层向浅层传递更合适于小尺寸目标的特征，以提升卫星视频飞机的检测性能；另一方面区别于 FSCE 仅冻结骨干网络的参数的方式，本节对 FSSPN、RPN 和 RoI 特征提取等模块权重也进行了冻结，仅对检测头部分进行微调训练。对此，分析推测 FSCE 中关于扩大网络中微调的范围能够一定程度上提升效果的论断并不适用以高分辨率航空遥感图像为基类，以卫星视频为新类的域偏移场景，有限样本下两类存在视觉差异的数据微调应尽可能缩小网络模块的训练范围，否则会适得其反。

表5-4 不同小样本条件卫星视频飞机检测结果方法对比

卫星视频中飞机类别的 AP@50/%			
模型	3-shot	5-shot	10-shot
Meta R-CNN	15.2	32.3	41.1
Fsdetview	10.6	22.5	37.5
Attention-RPN	11.3	30.2	42.3
FSCE	13.5	34.4	47.5
所提方法	14.7	37.1	51.3

5.2.3.4 可视化分析

鉴于所提方法和基线方法在验证精度上表现优于其他方法，因此本节仅对比这两类检测方法的可视化结果，并重点对具体场景下的细节进行讨论。本节从视频数据中选择 5 种具有代表性的场景开展检测结果的可视化对比，图 5-10～图 5-14 分别展示了在卫星视频极小目标场景、卫星视频低对比度场景、卫星视频目标高速运动场景、卫星视频目标密集分布场景、卫星视频相似目标干扰场景等检测结果的可视化对比。

从结果可以看出，所提方法和基线方法在各场景下均实现了一定数量的有效检测，但是对于一些有难度和挑战性的目标，也看到基于小样本条件下目标检测的局限性，均存在漏检和误检问题。其中，漏检主要存在于卫星视频的极小目标场景、低对比度场景以及目标密集分布场景。

本节针对卫星视频高速运动目标场景的检测结果进行逐帧统计，对比所提方法和基线方法对应的目标检测置信度分值的时序变化统计，结果如图 5-15 所示。

由于图中高速运动的飞机在不同帧对应的背景和目标本身的清晰度变化较大，所以两类方法对同一目标的检测分数在帧间存在变化，尤其是出现与飞机存在相似结构的路标纹理、道路等背景时，两类方法均存在失效问题，但是总体上所提方法仍要优于基线方法，序列帧中所提方法置信度分值更高的比例超过 70%，说明所提方法相比基线方法面向视频流数据时也能保证优势。

由于所提方法较基线方法在检测网络的 FPN 模块中引入了更多的特征计算与操作，增加了模型的复杂度，所以可能带来计算效率的劣势。为检验方法是否具备面向卫星视频实时检测的运算效率需求，在 $K=10$ 的设置条件下分别统计模型在测试集中的推理速度，经统计所提方法和基线方法对应的 FPS 分别为 22.9% 和 38.1%，相比基线方法，所提方法因更复杂的计算过程导致模型的推理效率有一定程度的降低，但较好地平衡了卫星视频飞机检测的精度和运算效率。

　　　(a)基线方法　　　　　　　　　(b)所提方法　　　　　　　　　(c)标注真值

图 5-10　卫星视频极小目标场景的检测结果可视化对比

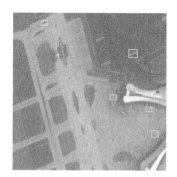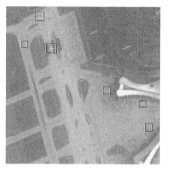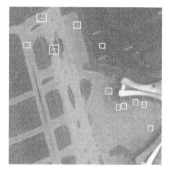

　　　(a)基线方法　　　　　　　　　(b)所提方法　　　　　　　　　(c)标注真值

图 5-11　卫星视频低对比度场景的检测结果可视化对比

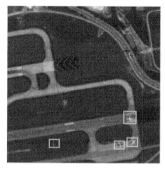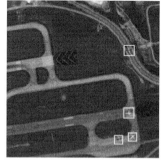

　　　(a)基线方法　　　　　　　　　(b)所提方法　　　　　　　　　(c)标注真值

图 5-12　卫星视频目标高速运动场景的检测结果可视化对比

(a)基线方法　　　　　　　　　　(b)所提方法　　　　　　　　　　(c)标注真值

图 5-13　卫星视频目标密集分布场景的检测结果可视化对比

(a)基线方法　　　　　　　　　　(b)所提方法　　　　　　　　　　(c)标注真值

图 5-14　卫星视频相似目标干扰场景的检测结果可视化对比

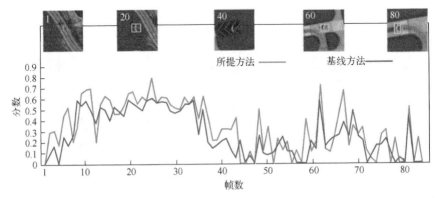

图 5-15　高速运动飞机帧间检测置信度得分统计对比

5.3 基于显著特征融合和噪声边界挖掘的
卫星视频运动舰船弱监督检测方法

5.3.1 问题分析

运动目标检测是指将视频中发生空间位置变化的物体作为前景提取并标示的过程[37]。本节以卫星视频中的运动舰船为兴趣目标,在不依赖具体舰船边界框标注的条件下,仅根据各卫星视频场景中有且仅有的运动目标为舰船这一监督信息,实现对所有卫星视频中运动舰船的检测,获取目标检测框的位置信息。

由于卫星视场下运动舰船多存在于港口、航道等场景中,运动目标仅有舰船一种目标,所以本节定义的任务为单类别的运动目标检测,其任务关键在于准确定位真实目标的位置,并获取贴合目标轮廓的边界信息,运动目标伪标签产生的噪声干扰是该任务要解决的主要问题。

不同于静态背景下的运动目标检测任务,在卫星绕着地球运行并凝视过程中,卫星平台运动与姿态控制误差导致的相机主光轴空间指向的变化和抖动,造成卫星视频中每帧静态目标帧间的空间位置存在小而不均匀的错位现象,这种局部不匹配主要是由摄像机位置的变化、地表复杂三维物体的二维投影变化,以及典型的域变换技术造成的[38,39]。

由卫星平台抖动等导致的静止背景物体的局部错位和海杂波与光照变化等引起的帧间光亮强度变化,使得基于卫星视频的运动目标检测容易产生误检,将伪运动的目标物误判为舰船,如图 5-16 所示。因此,如何消除静止目标帧间局部错位的现象,是卫星视频弱监督运动舰船检测的主要难点之一。

不同于飞机、车辆等形态结构完整、轮廓边界清晰的目标,舰船在运动过程中由于船体与水面摩擦、螺旋桨扰动等原因,从船首开始到船尾很远的区域会形成尾迹,不仅严重干扰船体本身形态结构的判读,而且船尾边界与尾迹极易混淆难以准确分离。此外,尾迹的形成与船体的尺寸、速度均有关联,基于卫星视频背景建模提取的前景运动舰船包含的大量噪声信息,与实际船体存在偏差,既包含未覆盖船体的残缺部分,也包含涵盖了尾迹等非船体部分。

如何从带噪声干扰的运动前景信息中挖掘实际船体的视觉特征信息从而实现有效的检测也是研究面临的主要挑战。因此,作者团队于 2023 年提出了一种基于 Mask R-CNN 的两阶段微调框架用于小样本卫星视频飞机检测[40],该方法主要以解决伪运动目标干扰、运动前景带噪声信息的目标边界挖掘等难点为出发点。

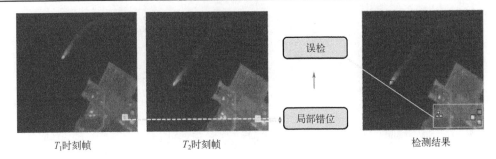

T_1时刻帧　　　　　　　　　T_2时刻帧　　　　　　　　　检测结果

图 5-16　卫星视频局部错位引起的误检示意图

5.3.2　方法原理

本节提出的基于弱监督学习的卫星视频运动舰船检测方法的总体网络框架如图 5-17 所示。

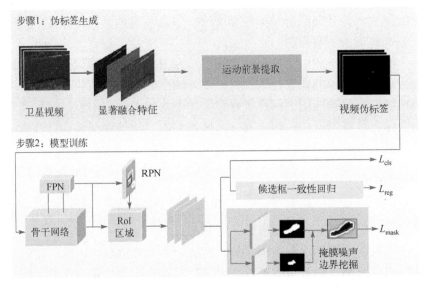

图 5-17　方法总体网络框架图

该方法以 Mask R-CNN[40]为基础框架,整个检测流程分为两个主要步骤。步骤 1 在弱监督条件下生成运动舰船的伪标签样本,为检测网络提供训练样本;步骤 2 引导网络在含噪声干扰的伪标签的监督信号下学习运动舰船的鲁棒性特征。

在步骤 1 中,针对卫星视频背景移动、运动模糊与光照变化等带来的伪运动目标影响,通过设计构建针对卫星视频中舰船的显著特征,融合线性平滑滤波[41]、Gabor 特征[42]和图像强度信息以过滤伪运动目标,利用构建的显著融合特征替换原始视频帧进行高斯背景建模[43],以获取高质量的舰船掩膜,为检测网络训练提供目标伪标签。

在步骤 2 中，为充分挖掘前景掩膜样本中的噪声边界信息，改进 Mask R-CNN 掩膜分支，通过设计掩膜噪声边界挖掘模块，融合多分辨率特征来缓解监督信号的噪声影响，在此基础上基于边界保持映射，引导网络学习与边界有关区域特征，对齐预测掩膜和真实目标边界。进一步改进 Mask R-CNN 的回归分支，通过候选框一致性回归化网络损失函数，提升检测框的定位质量。

5.3.2.1　基于显著融合特征的伪标签生成

通过舰船在卫星视频中的运动变化来提取目标掩膜时，如果直接利用高斯混合模型对原始视频进行前背景分离会带来以下问题：

首先，卫星视频中背景自身存在局部抖动变化，背景建模算法会引入许多伪运动信息，尤其是在视频背景中还包含大量与舰船存在特征近似的地物场景，导致检测算法产生过多的误检，进而使得获取的伪标签数据质量差。其次，卫星视频中运动舰船几乎都位于开阔的水域背景中，由于水体的反射率高，在卫星视频中受光照变化、辐射差异等影响，其背景信息包含大量的噪声干扰，进一步加剧运动前景的提取难度。最后，由于舰船运动中产生明显的尾迹，在视觉表现上与实际船体混淆，加剧了对舰船外轮廓精准提取的难度。

针对上述问题，本节设计面向卫星视频运动舰船的显著融合特征，由线性平滑滤波、Gabor 特征和图像强度信息三种不同尺度层面对原始卫星视频数据增强处理的特征构成。

为了在视频场景尺度上过滤背景抖动、海面碎浪等带来的影响，首先基于高斯函数对视频序列帧进行卷积运算，通过对原始影像进行线性平滑滤波处理以消除背景中的干扰[44-46]，突出视频中运动变化显著的区域，具体计算如下

$$G(x,y) = \frac{1}{2\pi\sigma^2} e^{-\frac{x^2+y^2}{2\sigma^2}} \tag{5-10}$$

其中，x、y 表示视频帧像素的横、纵坐标，σ 为标准差。

为了在局部尺度上突出表达运动舰船的纹理特征和边缘信息，本节采用多方向、多尺度的 Gabor 滤波器与视频序列帧进行卷积运算，获取实例级尺度下的最优局部特征。二维 Gabor 函数定义为

$$g(x,y,\lambda,\theta,\psi,\sigma,\gamma) = e^{-\frac{x'^2+\gamma^2 y'^2}{2\sigma^2}} \cos\left(2\pi\frac{x'}{\lambda} + \Psi\right) \tag{5-11}$$

$$x' = x\cos\theta + y\sin\theta, \quad y' = -x\sin\theta + y\cos\theta \tag{5-12}$$

其中，x、y 表示视频帧像素的横、纵坐标，σ 为标准差。

　　为了避免经过线性平滑滤波和 Gabor 特征提取过程中对原始信息的破坏，通过对 RGB 图像进行灰度处理，生成像素强度信息图以保留原始视频帧的像素级细节信息。

　　通过融合视频场景、目标局部纹理与边缘特征以及像素级细节的三种信息，构建面向卫星视频运动舰船的显著性融合特征，并基于混合高斯建模实现运动前景的有效分离[47-49]。混合高斯建模是基于像素样本统计信息的背景建模方法，利用像素在较长时间内大量样本值的概率密度等统计信息对每个像素点建立高速分布统计模型，用当前帧的像素值更新高斯模型参数，统计差分进行目标像素判断。

　　基于混合高斯建模实现卫星视频运动前景的提取，获取运动舰船实例分割的伪标签样本。在混合高斯建模中，用 X 表示像素点 (x,y) 的像素值，用一个序列 $X_1, X_2, \cdots, X_t$ 来表示像素点 (x,y) 时间序列上的像素值，则像素 (x,y) 的概率分布为

$$P(X_t) = \sum_{i=1}^{k} \omega_{i,t} \eta(X_t, \mu_{i,t}, \Sigma_{i,t}) \tag{5-13}$$

其中，k 表示高斯分布的个数，$\omega_{i,t}$ 表示像素点 (x,y) 在 t 时刻第 i 个高斯分布的权值，$\mu_{i,t}$ 和 $\Sigma_{i,t}$ 是第 i 个高斯分布的均值和协方差矩阵。高斯分布密度函数为

$$\eta(X_t, \mu_{i,t}, \Sigma_{i,t}) = \frac{1}{(2\pi)^{n/2} |\Sigma_{i,t}|^{1/2}} \times e^{-\frac{1}{2}(X_t - \mu_{i,t})^{\mathrm{T}} (\Sigma_{i,t})^{-1} (X_t - \mu_{i,t})} \tag{5-14}$$

其中，n 是像素 X_t 的维数，每个像素的 k 个高斯分布总是按照 $\omega_{i,t} / \sigma_{i,t}$ 由大到小排列，$\omega_{i,t}$ 表示该像素点第 i 个高斯分布 t 时刻在所有模型中的权重，$\sigma_{i,t}$ 表示该像素点第 i 个高斯分布在 t 时刻的方差。

　　模型匹配过程中，首先比较输入的预处理卫星视频帧像素 X_t 与对应的 k 个高斯模型匹配，公式如下

$$|x_t - \mu_{i,t-1}| \leqslant 2.5\sigma_{i,t-1} \tag{5-15}$$

其中，$\mu_{i,t-1}$ 表示第 i 个高斯分布在 t 时刻的均值矢量，$\sigma_{i,t-1}$ 表示第 i 个高斯分布在 $t-1$ 时刻的标准差。如果 X_t 满足判定条件表明像素点服从该高斯分布，可判断为卫星视频的背景，反之则为运动舰船。

5.3.2.2　掩膜噪声边界挖掘

　　由于不同卫星视频场景下对应的船体外观、光照条件、目标运动速度等差异大，背景建模自身样本个数难以完全描述实际卫星视频场景的复杂性和多样性，导致生成的伪标签样本存在孤立噪声点和连通噪声区域等干扰问题，提取的舰船目标掩膜或包含尾迹等非目标区域部分，或内部存在空洞呈现 C 字型凹陷等边缘残缺现象，无法准确描述运动舰船的边缘轮廓和完整结构形态，如图 5-18 所示。

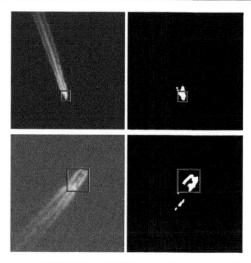

图 5-18　卫星视频运动舰船与对应伪标签可视化对比

包含噪声的样本标签会误导网络学习错误的目标特征表示，如果直接利用 Mask R-CNN 网络基于伪标签的掩膜标签进行模型训练，网络中 RPN 模块基于带噪声的掩膜信息生成目标候选区，再经过 RoI 校准和 Mask Head 后得到的目标预测结果必然不够精确。针对该问题，本节设计了一种掩膜噪声边界挖掘模块，引导网络模型在训练学习中一方面可以对抗伪标签中的噪声干扰，另一方面还可以利用边界信息提升预测掩膜与实际目标的贴合度。

有研究表明，目标掩膜中靠近边界的像素区域包含了网络模型难以学习到的目标细节信息，其类别特征并不显著，更容易包含噪声干扰信息。因此，检测网络对于伪标签的抗噪效应关键在于目标边界的相关区域，对应的特征细节只有在掩膜的空间分辨率足够高时才能被发现。

对于 Mask R-CNN，目标掩膜的真值通常降采样到 28 像素×28 像素，当尺寸进一步缩小时，由于分辨率更低，其细节特征就会被掩盖，而噪声主要存在于这些细节中。随着样本掩膜在网络逐级特征提取过程中不断缩减尺寸，样本掩膜与目标区域的 IoU 会明显提升，因此缩小掩膜的尺寸可提升伪标签的质量，尤其可以降低靠近目标边界区域的噪声影响。

基于上述分析，本节通过在 Mask R-CNN 中添加更低分辨率的掩膜预测分支，构建了一种耐噪声的 Mask Head，该分支以更小尺寸的掩膜为监督信息，鉴于更小的尺寸和更低的分辨率，其包含的特征更为纯净，可获取到关于舰船更准确的信息，受伪标签噪声干扰也更小，相比原始 Mask R-CNN 网络更适用于基于弱监督学习的卫星视频运动舰船检测任务。

然而，该分支的特征分辨率较低，导致预测的分割结果比较粗糙，难以获取舰船的特征细节，因此原网络中的高分辨率 Mask Head 依然保留。高分辨率掩膜分支更容易受到噪声的影响，但可用于学习舰船的细节信息，而低分辨率掩膜分支可以学习舰船粗糙但纯净的特征信息，因此通过融合纯净的粗糙特征和带噪声的细节信息，可以让网络实现更耐噪声的舰船特征学习。对于模型推理测试阶段，网络仅保留高分辨率掩膜分支。网络的具体分支结构设计如图 5-19 所示。

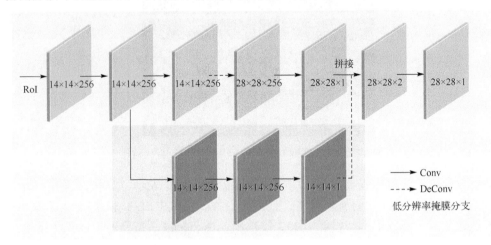

图 5-19　耐噪声的掩膜分支

　　网络在实例分割中对于掩膜的预测依赖全卷积网络进行像素级的分类，模型平等地对待候选框内的每个像素，而忽略了舰船形状及边界信息，仅依赖像素级的分类器难以获取精确的舰船检测结果。对于待检测的运动舰船，其边界和掩膜之间存在很密切的关系，掩膜提取的特征可以为边界的学习提供高级语义信息；在得到边界后，特征中蕴含的形状与位置信息又可以反过来促进掩膜预测得更精准。以 PointRend[50]、BMask R-CNN[51]、RefineMask[52]等为代表的方法研究如何有效挖掘利用目标掩膜的边界信息，以提升检测性能，并在全监督学习领域取得较好的效果。

　　由于弱监督学习的伪标签掩膜边界中包含干扰性噪声信息，直接引入全监督学习的边界学习策略会放大噪声的影响。因此对于本节任务而言，模型应该更多地关注更接近舰船边界的像素，同时为了减少噪声，在训练过程中应该抑制那些最有可能产生噪声的像素。对此，在耐噪声 Mask Head 基础上引入边界保持映射，基于像素的值与其到边界的距离呈负相关关系，建立分割掩膜概率输出映射关系以优化分割掩膜各像素对应的值。映射关系表示为

$$BPM = \Delta[p_{ij}] \tag{5-16}$$

其中，p_{ij} 表示各像素对应的掩膜概率输出值，[·] 表示 sigmoid 激活运算，Δ 表示拉

普拉斯算子运算。

当邻域的中心像素灰度低于它所在邻域内的其他像素的平均灰度时，该中心像素的灰度应该进一步降低；当高于时则进一步提高中心像素的灰度，从而保持舰船边界的完整性。在算法实现过程中，通过对邻域中心像素的四方向或八方向求梯度，并将梯度和相加来判断中心像素灰度与邻域内其他像素灰度的关系，并用梯度运算的结果对像素灰度进行调整。当邻域内像素灰度相同时，模板的卷积运算结果为 0。

当邻域的中心像素灰度高于邻域内其他像素的平均灰度时，模板的卷积运算结果为正数；当中心像素的灰度低于邻域内其他像素的平均灰度时，模板的卷积运算结果为负数。对卷积运算的结果用适当的衰弱因子处理并加在原中心像素上，就可以实现过滤目标特征中错误定位的背景。通过上述方式引导网络学习与目标边界区域的特征，对齐预测掩码和目标边界。

5.3.2.3 损失函数

本节设计的弱监督卫星视频运动舰船检测网络通过一个联合损失函数实现优化，包括检测头分类和回归的损失、Mask 掩膜损失，具体形式为

$$L = L_{cls} + L_{reg} + L_{mask} \tag{5-17}$$

其中，L_{cls} 和 L_{mask} 与 Mask R-CNN 保持一致。

而 L_{reg} 沿用原网络的损失设计会带来一定问题。在基于两阶段的深度学习目标检测算法中，正负样本的分配是由网络的候选框和目标真实标注框之间的 IoU 决定的，IoU 高于阈值的判定为正样本，小于阈值的判定为负样本。这种分配方式的前提是标签中的目标边界框准确，然而在本弱监督目标检测任务中，无法保证伪标签中定位信息的准确度。不精确的伪标签边界框会导致候选框的正负样本匹配错误，由于伪标签的目标框距离真实目标存在定位偏差，所以沿用通用网络的候选框分配策略会带来较大的累积误差，干扰网络对目标检测框的回归，导致检测框的位置定位不准确。

因此，本节根据候选框回归结果的一致性能够反映相应伪标签目标框的定位质量的原理[53]，设计候选框一致性回归，通过对回归结果的一致性约束来判断伪标签候选框的定位质量，并基于此为定位准确的候选框分配较大的回归损失权重，为定位不够准确的候选框分配较小的回归损失权重，从而提高弱监督条件下目标的定位精度。

候选框一致性回归可以调节网络回归分支的一致性因子，反映每个目标真实框对未知目标回归损失的贡献程度，拥有较低的一致性因子说明伪标签候选框的定位信息误差大，需要降低其对损失计算的贡献值。

伪标签目标框回归一致性表示为

$$\sigma^j = \sum_{i=1}^{N} \mu_i^j / N \tag{5-18}$$

其中，μ 表示预测目标框与伪标签目标框的 IoU 值，N 表示正例候选框的数量。在获得回归一致性表示后，目标框回归损失可以表示为

$$L_{\text{reg}}^{\mu} = \frac{1}{MN}\sum_{j=1}^{M}\sigma^{ja}, \quad a = \sum_{i=1}^{N}\left|\text{reg}_i^j - \text{Reg}_i^j\right| \tag{5-19}$$

其中，reg 和 Reg 分别表示回归输出和伪标签。

5.3.3　实验与分析

5.3.3.1　实验数据

本节所用的卫星视频数据均由吉林一号卫星拍摄获取，通过精细挑选、裁切，最终选取包含运动舰船场景的 38 段视频，帧率均为 10FPS，平均时长约 22s，共计 8415 帧图像。为满足视频目标检测任务需求，对每一帧图像中的舰船进行了全量标注，共计 23509 个舰船实例。在标注数据量充足的基础上，实验数据还具有多样性和丰富度。不同视频获取自中国、美国、日本、巴西、澳大利亚等国家和地区在不同天气、光照条件下的港口、码头及水运航道。不同舰船在外观视觉、结构形态上也具有较大的类内差异，例如，快艇、游艇、货轮、军舰等。此外，实验数据涵盖了舰船几乎所有的运动状态，例如，高速运动、缓慢移动、转弯等。

对所提方法进行了消融实验以验证其有效性，并与弱监督学习的代表性方法和全监督学习的方法进行了对比实验。

5.3.3.2　消融实验

为了进一步探究所提方法中各部分对方法性能提升的具体贡献，本节消融实验通过逐级添加显著融合特征、掩膜噪声边界挖掘以及候选框回归一致性来分析各步骤对卫星视频运动舰船检测性能的影响。消融实验结果如表 5-5 所示。

表 5-5　弱监督学习的卫星视频运动舰船检测消融实验结果对比

基线方法	显著融合特征	掩膜噪声边界挖掘	候选框一致性	召回率	精度	F1-Score
—				0.442	0.274	0.338
√	√			0.516	0.361	0.425
√	√	√		0.527	0.390	0.448
√	√	√	√	0.554	0.409	0.471

可以看出，显著特征融合可以从多种尺度缓解背景移动的干扰，并突出舰船的纹理和边缘信息，对算法检测性能指标的提升帮助最为突出，尤其在过滤伪运动目标误检表现上效果显著，精度提升 8.7%。掩膜噪声边界挖掘能够优化网络对噪声掩膜中有效信息的学习，获取更为准确和精细的目标分割表示，进一步提升网络检测结果的召回率和精度。而候选区一致性回归的引入，能够对生成的伪标签目标框的定位精度做出判断，增大定位准确目标框对应的回归损失，进一步提升卫星视频运动舰船的检测效果，其中掩膜噪声边界挖掘和候选区一致性回归对于 F1-Score 指标的贡献相当。

5.3.3.3　对比实验

表 5-6 对比展示了 ADMM（Alternating Direction Method of Multipliers）[54]、DRPCA（Dynamic Robust Principal Component Analysis）[7]、FBD（Difference of Background Fusion between Frames）[55]、GMMv2（Improved Gaussian Mixture Model）[56]、ViBe（Improved Visual Background Extractor）[57]、GoDec[58]、DECOLOR[59]、Mask R-CNN[40]共计 9 种方法在相同实验配置条件下卫星视频运动舰船检测评价指标对比。可以看出，本节所提方法在精度、召回率和 F1-Score 各项指标均显著优于其他常规弱监督学习的运动目标检测方法，并且在不依赖目标边界框的标注信息弱监督条件下，所提方法的 F1-Score 指标可以达到与全监督学习相当的水平，侧面反映出所提方法的优势。

对于误检，卫星视频自身的背景抖动、海杂波与光照变化等干扰引入的伪运动目标是主要原因之一，精度指标可以反映不同算法在过滤伪运动目标、降低误检方面的表现，本节所提方法较对比方法中表现最好的 GMMv2 仍高出 20%，一方面得益于通过在多个尺度层面对于原始视频帧进行增强处理，提取了能够突出表达卫星视频中实际运动目标的显著融合特征，消除了部分扰动和噪声的影响，有效过滤了部分虚警；另一方面，本节在背景建模的基础上，还有效地利用了深度网络的特征提取优势，对视频中运动变化部分进行外观视觉层面的再学习，通过分辨运动目标中哪些是待检测的舰船进一步过滤了伪目标，提升了检测结果的精度。由于全监督学习方法不受卫星视频运动变化信息的干扰，误检方面会明显少于基于弱监督学习的方法。

对于漏检，一方面弱监督学习的检测方法提取的运动舰船包含大量的噪声，或者目标不完整，或者包含了尾迹等非舰船目标的连通区域，导致生成的检测框与实际舰船的边界 IoU 低于阈值条件而造成漏检；另一方面，部分舰船由于存在阴影遮挡、目标尺寸过小等，前景信息在视觉表达上容易淹没在背景中，目标的可区分性差也会导致算法失效。相比误检，在漏检表现上本节所提方法不仅依然明显优于同类的弱监督学习目标检测方法，与全监督学习方法的差距也明显缩小，仅落后不到 5%。

表 5-6　　不同方法的卫星视频运动舰船检测评价指标结果对比

检测方法	监督方式	召回率	精度	F1-Score
ADMM	弱监督	0.343	0.181	0.237
DRPCA		0.346	0.172	0.230
FBD		0.206	0.067	0.211
GMMv2		0.424	0.203	0.275
ViBe		0.314	0.159	0.101
GoDec		0.306	0.157	0.131
DECOLOR		0.311	0.192	0.207
Mask R-CNN	全监督	0.602	0.510	0.552
所提方法	弱监督	0.554	0.409	0.471

5.3.3.4　可视化分析

图 5-20 展示了不同弱监督学习的目标检测方法提取的运动前景可视化结果。

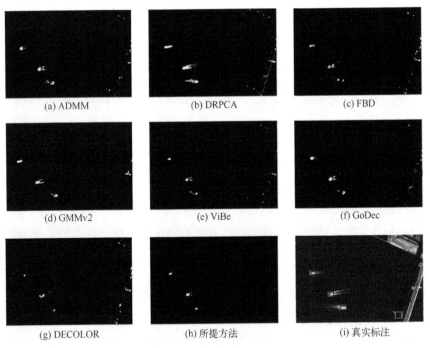

(a) ADMM　　　　　　　(b) DRPCA　　　　　　　(c) FBD

(d) GMMv2　　　　　　　(e) ViBe　　　　　　　(f) GoDec

(g) DECOLOR　　　　　　(h) 所提方法　　　　　　(i) 真实标注

图 5-20　卫星视频运动前景提取可视化对比

　　从卫星视频运动前景提取可视化对比结果可以明显看出，对于视场右侧的桥梁和右上方堤岸等陆地静止区域，除本节所提方法外，其余方法均将其误判为运动前景，这主要是卫星视频的背景移动导致的。因此，如果不对原始卫星视频进行特征层面的增强处理，方法本身难以区分真正运动的目标区域。

得益于所提方法在运动舰船显著特征层面的融合处理，不仅通过场景级的平滑处理缓解了背景移动带来的干扰，而且在实例级突出船体的纹理和边缘特征并保留具体细节信息，相比其他方法提取的运动前景中不同程度地存在目标破碎化、混淆舰船尾迹等问题，本节所提方法提取的运动前景更接近实际舰船的边界范围。

在不同方法的具体表现上，由于 ADMM 和 DRPCA 均属于主成分分析类的方法，其检测结果在各类指标表现上也更为接近。FBD 方法整体表现最差，原因在于利用帧间差值的简单运算方式，更容易受到卫星视频背景移动、帧间光照变化与辐射差异，以及舰船相对运动不显著的影响，不仅会引入过多的伪目标，也会因为帧差计算破坏目标主体的连通性，导致检测失效。GMMv2 方法通过判断各像素值是否符合特定的高斯分布以区分前背景，由于一个像素点需要建立多个高斯背景模型，背景匹配相比基于首帧随机采样的 ViBe 方法，在卫星视频运动舰船检测上效果更好，从图中也可以看出 GMMv2 方法提取的前景目标相对完整，对复杂移动背景干扰控制表现也优于其他常规方法，但仍然逊色于本节所提方法提取的目标。

由于对比的弱监督检测方法均存在误检过高的问题，难以实现卫星视频运动舰船的有效检测，所以本节仅对比了所提方法与全监督学习的检测方法在不同卫星视频测试场景的可视化对比。图 5-21 和图 5-22 分别展示了在尾迹明显以及小尺寸舰船的卫星视频典型场景中的检测结果，绿框、红框和黄框分别对应本节所提方法、基于全监督学习的 Mask R-CNN 方法对应的检测结果以及标注的目标真值。

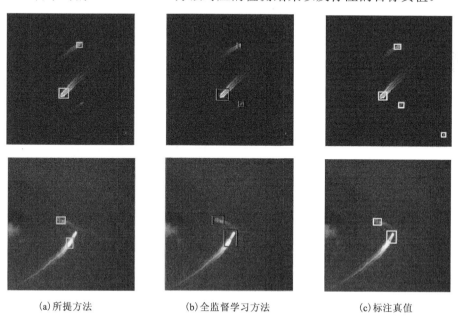

(a)所提方法　　　　　　　(b)全监督学习方法　　　　　　　(c)标注真值

图 5-21　卫星视频尾迹明显场景的舰船检测可视化

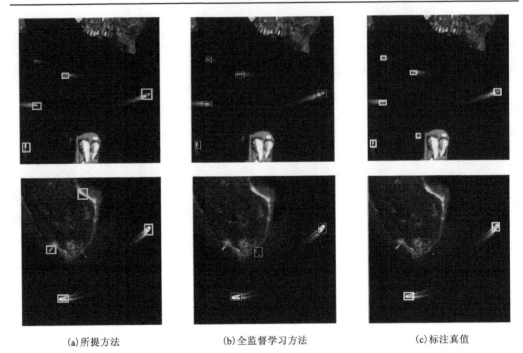

(a)所提方法　　　　　　　(b)全监督学习方法　　　　　　　(c)标注真值

图 5-22　卫星视频小尺寸舰船场景的舰船检测可视化

从检测结果可视化对比可以看出，本节所提方法在不依赖目标边界框标注的弱监督条件下实现了较好的检测，可以达到和全监督学习方法可比较的效果。由于缺乏绝对精确的舰船标签监督信息，尺寸小的舰船因为运动信息不明显，无法提取对应的伪标签掩膜，所提方法在模型训练阶段可能会忽略对这类目标的特征学习，因此会导致目标漏检。在误检方面，对于尾迹特征特别明显的舰船，其视觉表现和运动变化部分比舰船本身更为突出，导致所提方法和全监督学习方法均出现定位偏差的问题，错将尾迹当作舰船目标的中心位置。

5.4　基于半监督学习的卫星视频细粒度目标检测方法

5.4.1　问题分析

视频目标检测要求算法能准确地定位和识别每一帧序列图像中的感兴趣特定目标，并提供相应的位置和类别信息。基于深度学习的目标检测大都采用全监督的学习模式，模型训练需依赖全量级的标注信息，包括逐帧的目标框和类别标签，甚至视频的关键帧标签，以支撑检测模型的鲁棒性和泛化性[60]。相较于通用视频，卫星视频数据及其目标有其鲜明特点[61]，例如，在视频成像上，其空间分辨率低、拍摄持续时间短、帧率低；在视频场景方面，卫星视频场景大、帧间视差小、目标分布稀疏；在目标特征上，飞机、舰船等典型目标多为刚体结构，尺寸、形状等外观通常不会发生剧烈变化，并且运动平稳。以上特点导致卫星视频帧间冗余度高，图 5-23 和图 5-24 分别展示了对于包含飞机和舰船的卫星视频时序对比，相邻帧的内容高度相似。

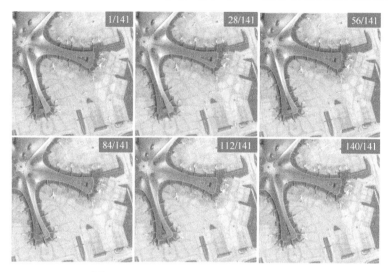

图 5-23　卫星视频飞机场景的时序展示

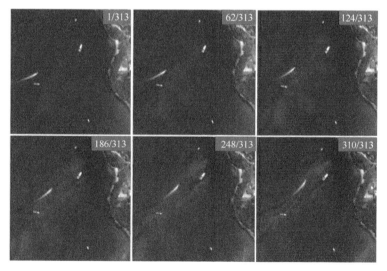

图 5-24　卫星视频舰船场景的时序展示

由此推测，对于卫星视频目标检测，各视频中参与训练的标注帧数存在边际效益，即在训练集视频首帧标注基础上，继续增加后续帧的标注对提升检测性能作用有限。为了验证上述分析，本节基于 Faster R-CNN 对构建的数据集开展不同训练比例的检测精度对比，以训练集各视频的首帧、前 20%、前 40%、前 60%、前 80%以及 100%标注帧分别训练模型，统计比较对应的细粒度目标检测 mAP，如图 5-25 所示。

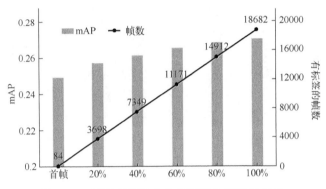

图 5-25　　不同训练样本比例下的检测结果对比

结果显示，随着参与训练模型的标注数量的急剧增加，检测模型的 mAP 提升非常缓慢，对于同一检测网络，基于全量级标注训练的模型比使用首帧标注训练的模型 mAP 仅提升了 2%。由于卫星视频存在较高的帧间相似性，训练集视频的首帧标注已能够为网络学习目标特征提供基本的监督信息，考虑到卫星视频逐帧标注工作困难且耗时，有必要开展更具实际应用价值的低标注成本的检测方法研究。

通过上述分析，本节定义了一种半监督学习的卫星视频细粒度目标检测，即仅以训练集视频的首帧标注作为监督信息，实现对测试集视频帧的细粒度目标检测。面向减少大规模训练样本依赖、细粒度目标差异性表示困难等半监督目标检测问题，重点考虑以下三个方面：如何充分利用卫星视频的运动信息来提升模型的检测能力；进一步，如何设计有效的目标外观和运动特征融合策略，增强目标特征表示；如何引导算法学习细粒度目标间的特征差异，更准确地区分不同类别以提高检测性能，作者团队提出的研究方法主要以解决上述三个问题为出发点。

5.4.2　方法原理

作者团队于 2024 年提出了一种基于半监督学习的卫星视频细粒度目标检测方法(Less is more)[62]，发表于 *Engineering Applications of Artificial Intelligence*，该方法以经典的 Faster R-CNN 为基础框架，为充分利用卫星视频的运动信息，设计一种双流结构的联合特征提取网络，以视频首帧和稠密光流为共同输入，对目标外观和运动特征进行联合提取。

为了进一步增强特征对目标的描述，提出一种基于注意力的特征融合模块，通过自适应学习不同特征的权重，突出目标关联的特征表达，缓解无关冗余特征干扰。最后，在网络分类分支中对 RoI 特征进行映射和监督对比学习，增强细粒度类别簇的特征紧密度，以提升目标的检测性能，所提方法总体网络框架如图 5-26 所示。

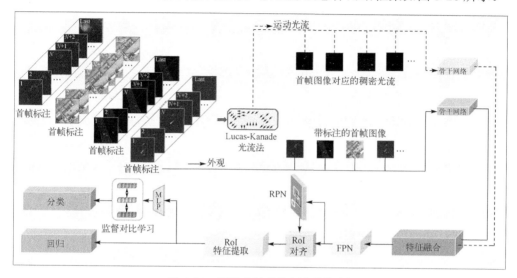

图 5-26　所提方法总体网络框架图

对于所提检测网络方法框架，卫星视频的稠密光流信息通过无监督方式计算获取，在检测模型训练阶段，仅将训练集各视频的首帧及其对应的稠密光流作为网络输入，在模型测试阶段，则对测试集各视频的每一帧及其对应的稠密光流进行推理预测。

5.4.2.1　外观与运动特征联合提取

对于半监督约束下的卫星视频细粒度目标检测，尤其需要充分利用运动信息以提高检测的准确性和鲁棒性。一方面，目标的速度、加速度、方向等运动信息可以辅助外观特征，实现对目标更全面的描述，更精准地识别目标类型；另一方面，通过分析目标在连续帧间的运动，可以更精确地匹配目标的位置。

卫星视频的运动表示形式可以基于背景建模或帧间差分等提取运动前景[7,8]，也可以通过光流估计获取运动向量[60,61,63]。图 5-27 展示了几种具有代表性的卫星视频运动信息提取结果，可以看出，相较于二值化的运动前景、全局光流以及稀疏光流，基于 Lucas-Kanade[60] 计算的稠密光流更适合描述卫星视频中的运动目标，其不仅包含丰富的可学习信息，而且还有运算速度快的优势。

为实现对卫星视频目标外观和运动特征的联合提取，本节首先以无监督方式提取稠密光流，并与原始视频帧组成匹配对，共同作为网络输入；进一步设计双流结构的联合特征提取网络，以外观和运动两个并行分支的骨干网络进行特征提取，其中外观分支主要关注图像帧的静态外观，运动分支则关注稠密光流中的运动信息，两个分支共享网络参数权重以加强目标特征的学习和表示。以 ResNet-50 骨干网络为例，外观分支和运动分支在四个阶段对应的特征进行注意力融合，再经过 FPN 的多尺度融合，最终得到联合特征，网络结构如图 5-28 所示。

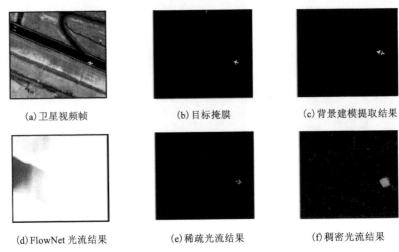

(a) 卫星视频帧   (b) 目标掩膜   (c) 背景建模提取结果

(d) FlowNet 光流结果   (e) 稀疏光流结果   (f) 稠密光流结果

图 5-27　卫星视频不同光流对比

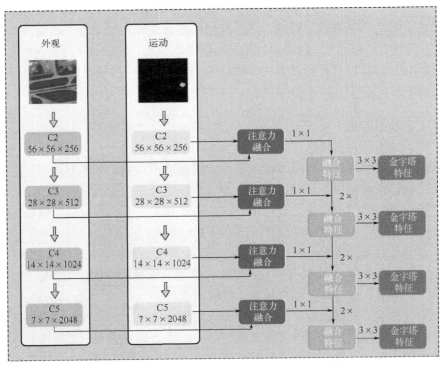

图 5-28　外观与运动特征联合提取网络结构图

　　所提目标外观和运动特征联合提取网络充分利用了卫星视频时序冗余的特点，仅依赖首帧标注可提取目标充足的外观特征，通过补充稠密光流作为共同输入，显式地突出视频帧间的运动变化，联合两种特征可实现对卫星视频目标更丰富的表达。卫星视频运动信息提取结果对比如图 5-29 所示。

(a) 原始帧　　　　　　　　　　　(b) 稠密光流

图 5-29　卫星视频运动信息提取结果对比

5.4.2.2　基于注意力机制的特征融合

　　网络提取的卫星视频外观和运动特征需要经过融合处理，以进一步在检测网络中完成特征传输和计算。尽管特征拼接等常见融合方式高效、便捷，但由于不同特征包含的信息量有差异，对于检测目标的特征贡献也不同，简单的拼接式融合不能区分各特征的重要性，也无法建模特征间的交互关系，难以最大化发挥联合特征在检测方面的优势。对此，本节在特征融合阶段引入注意力机制，以训练学习的方式自适应确定不同特征的分配权重来完成融合过程。

　　基于注意力的特征融合设计，既要充分考虑卫星视频不同特征的具体特点，也要规避引入过于复杂的额外计算。对于外观特征，其主要描述目标和背景像素级的视觉特征和上下文结构，是定位和分类待检测目标的基础特征；运动特征则主要描述目标的时序运动变化和空间关系，可辅助外观特征进一步提升检测性能。因此，基于注意力的特征融合应当聚焦对外观特征的交互操作。

　　常用的通道注意力[64-66]和空间注意力[67-69]分别通过捕捉特征的通道依赖性和像素级成对关系实现融合，尽管将二者联合使用可能会比单独实现获得更好的性能，但不可避免地增加了计算开销。受 Shuffle Attention[70]的启发，本节设计的特征融合模块引入了 Shuffle 单元，在处理内容丰富的外观特征时，首先将其通道维分组为多个子特征，进而完成各子特征在通道和空间维度上的特征依赖性描述，之后再将所有子特征汇总在一起，采用"通道混洗"的方式启用不同子特征间的信息通信，最后通过卷积的非线性操作，将辅助性的运动特征与重构的外观特征进行融合，这种方式可将计算复杂度降低到 $O(kn)$，其中 k 为划分的簇个数，注意力融合模块的网络结构如图 5-30 所示。

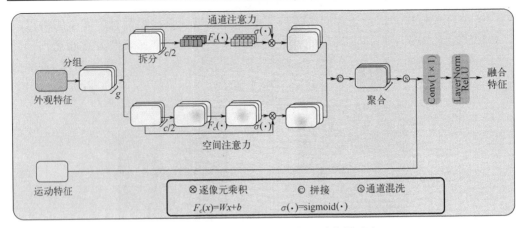

图 5-30　基于注意力的外观与运动特征融合

具体地，对于给定的外观特征 $F^{\text{Appear}} \in \mathbf{R}^{C \times H \times W}$，其中，$C$、$H$、$W$ 分别是通道数、空间高度和宽度。首先在通道维度将其划分为 g 个组，即 $F^{\text{Appear}} = [F_1^{\text{Appear}}, \cdots, F_g^{\text{Appear}}]$，$F_k^{\text{Appear}} \in \mathbf{R}^{c/g \times H \times W}$，各组外观子特征继续沿着通道维度分为两个分支，即 $F_{k1}^{\text{Appear}}, F_{k2}^{\text{Appear}} \in \mathbf{R}^{c/2g \times H \times W}$。一个分支基于通道间的相互关系，得到通道注意力图，另一个分支则基于特征的空间关系，生成空间注意力图。通过上述通道和空间两种注意力的特征交互，训练获取对应的语义响应，进而得到各外观子特征的重要度系数，由此引导模型关注更具价值的特征信息。

为降低运算复杂度，融合模块的通道注意力通过全局平均池化来生成嵌入式的全局信息：$s \in \mathbf{R}^{c/2g \times 1 \times 1}$，并沿着空间维度 $H \times W$ 进行压缩，计算方式为

$$s = F_{gp}(F_{k1}^{\text{Appear}}) = \frac{1}{H \times W} \sum_{i=1}^{H} \sum_{j=1}^{W} F_{k1}^{\text{Appear}}(i, j) \tag{5-20}$$

进一步通过 sigmoid 激活函数实现准确、自适应的选择，最终的通道注意力结果输出为

$$F_{k1}^{\text{Appear}'} = \sigma(F_c(s)) \cdot F_{k1}^{\text{Appear}} = \sigma(W_1 s + b_1) \cdot F_{k1}^{\text{Appear}} \tag{5-21}$$

其中，$W_1 \in \mathbf{R}^{c/2g \times 1 \times 1}$ 和 $b_1 \in \mathbf{R}^{c/2g \times 1 \times 1}$ 用于缩放和平移 s。

对于空间注意力分支，首先基于组归一化获取 F_{k2}^{Appear} 对应的空间统计，然后利用卷积和激活运算来增强 $\hat{F}_{k2}^{\text{Appear}}$ 的特征表示。最终的空间注意力输出是

$$\hat{f}_{k2}^{\text{Appear}} = \sigma(W_2 \cdot \text{GN}(F_{k2}^{\text{Appear}}) + b_2) \cdot F_{k2}^{\text{Appear}} \tag{5-22}$$

其中，W_2、b_2 是形状 $\mathbf{R}^{c/2g \times 1 \times 1}$ 的参数。

对上述两个分支的注意力结果拼接以聚合各组外观子特征，$F_k^{\text{Appear}'} = [F_{k1}^{\text{Appear}'}, F_{k2}^{\text{Appear}}] \in \mathbf{R}^{c/g \times H \times W}$，并基于通道混洗操作沿着通道维度实现跨组间

的信息交互。每个分支的通道个数是 $c/2g$，因此所有的参数个数就是 $3c/g$，有限的参数量保证了模块的轻量化。

最后通过核尺寸为 1×1 的卷积以及 ReLU 激活函数对外观和运动特征进行非线性处理，得到最终融合后的特征

$$F_i^{\text{Fusion}} = \text{ReLU}(\text{Norm}(\text{Conv}_{1\times1}(F_i^{\text{Appear}} \otimes F_i^{\text{Motion}}))) \tag{5-23}$$

5.4.2.3　细粒度特征监督对比度量

卫星视频中的宽体客机、窄体客机、四引擎机，以及快艇、游艇等细粒度目标存在类间相似度高、差异特征表示困难等问题，尤其在半监督约束下如何精准区分存在巨大挑战。为了提升检测网络对卫星视频细粒度目标的识别能力，本节对网络的分类分支进行改进，引入监督对比学习[71]，通过最大化正样本对的相似性和最小化负样本对的相似性，学习目标更具可区分性的特征表示。

本节所提网络提取的融合特征，经过 RPN(Region Proposal Network)模块计算得到目标候选框，然后对其 RoI 特征分类和回归以实现目标检测，因此需要鲁棒的 RoI 特征表达才能实现细粒度目标精准检测。常规两阶段的检测框架中，RoI 特征向量包含 ReLU 激活操作，向量在函数零点处会出现截断，导致无法直接对比 RoI 特征相似性。对此，本节利用 MLP(Multilayer Perceptron)对 RoI 特征进行映射，进一步通过监督对比学习强化同类间的特征一致性，突出类间特征的独特性。

具体地，在预测第 i 个目标为第 j 种细粒度类别时，通过计算映射后 RoI 特征的余弦相似性进行对比

$$\text{logit}_{\{i,j\}} = \alpha \frac{x_i^{\text{T}} w_j}{\|x_i\| \cdot \|w_j\|} \tag{5-24}$$

其中，w_j 为类权重，α 是缩放因子，通过上述约束使属于同类细粒度的特征簇间更加紧致，从而增强网络对于细粒度类别的区分能力。

对于 mini-batch 的 N 个 RoI 特征 $\{z_i, u_i, y_i\}_{i=1}^N$，$z_i$ 表示第 i 个 RoI 映射特征，u_i 表示与真值标签的 IoU 得分，y_i 表示目标的类别，监督对比学习表示为

$$L_{\text{scl}} = \frac{1}{N} \sum_{i=1}^N f(u_i) \cdot L_{z_i} \tag{5-25}$$

$$L_{z_i} = \frac{-1}{N_{y_i}-1} \sum_{j=1, j\neq i}^N I\{y_i = y_j\} \cdot \log\left(e^{\tilde{z}_i \cdot \tilde{z}_j / \tau} / \sum_{k=1}^N I_{k\neq i}\right) \cdot e^{\tilde{z}_i \cdot \tilde{z}_k / \tau} \tag{5-26}$$

其中，N_{y_i} 是 y_i 对应的候选框，τ 是超参数，$\tilde{z}_i$ 是标准化的特征表示，$\tilde{z}_i \cdot \tilde{z}_j$ 表示两个特征间的相似度。

经过特征映射和对比学习，可以提高同类细粒度目标特征的相似度，同类特征簇更紧密，不同类别特征簇的间距更大。考虑较低的 IoU 可能包含不相关的特征语义信息，本节对不同 IoU 候选框赋予不同的权重

$$f(u_i) = I(u_i \geq \phi) \cdot g(u_i) \tag{5-27}$$

其中，$g(\cdot)$ 表示权重系数。

网络通过一个联合的损失函数实现优化，包括目标候选框损失、检测头分类和回归的损失、监督对比学习损失，具体形式为

$$L = L_{\mathrm{rpn}} + L_{\mathrm{cls}} + L_{\mathrm{reg}} + \lambda L_{\mathrm{scl}} \tag{5-28}$$

其中，L_{rpn} 为二元交叉熵损失，L_{cls} 和 L_{reg} 分别采用交叉熵损失和 smoothL1 损失，λ 是平衡损失规模的参数，设置为 0.5。

5.4.3　实验与分析

5.4.3.1　实验数据

本节所用实验数据为 SAT-MTB 数据集的目标检测数据子集，包含 144 段独立视频段的 33228 帧进行全量级的实例标注，共计 308240 个目标，支持宽体客机（WA）、窄体客机（NA）、后置引擎飞机（RA）、四引擎飞机（FA）、快艇（SB）、游艇（YH）、游轮（CS）、货轮（FH）、舰艇（NV）、其他船（OS）和火车（TN）等 12 类细粒度目标检测。本节遵循数据集的划分标准，以其中 85 段视频为训练集，其余 59 段视频为测试集开展验证评估。

对所提出的方法进行了消融实验以验证其有效性，并与全监督学习的代表性方法进行了对比实验。

5.4.3.2　消融实验

为了进一步探究本节所提方法中各部分改进对算法检测精度提升的具体贡献，通过开展消融实验，在基线方法基础上，逐级添加运动信息、注意力融合、监督对比来分析各步骤对卫星视频细粒度目标检测精度影响，实验结果如表 5-7 所示。

表 5-7　卫星视频细粒度目标检测消融实验

基线方法	运动信息	注意力融合	监督对比	mAP
—				0.249
√	√			0.382
√	√	√		0.395
√	√	√	√	0.406

结果表明，通过引入稠密光流并构建双流结构的检测网络框架，在卫星视频外观基础上补充了对目标运动特征的描述，进一步依据提取的外观和运动联合特征实现了更精准的检测，mAP 提升了 0.133，该部分也是对检测性能提升贡献最大的改进。

在此基础上，提出的基于注意力的融合策略，通过训练学习的方式完成外观和运动等不同特征、特征内部不同通道以及特征像素对的区域匹配等融合过程，最大化发挥特征融合的效果，进一步提升了检测准确率，mAP 提高了 0.013。最后，在网络分类分支中添加监督对比学习，通过最大化正样本对、最小化负样本对的相似性，突出待检测的 RoI 特征差异性表示，有效提升了对卫星视频细粒度目标的识别准确性。

此外，本节统计比较了消融实验中各细粒度目标的 AP 结果，如图 5-31 所示，结果表明对于宽体客机(WA)、窄体客机(NA)、后置引擎机(RA)、四引擎机(FA)、公务机(CA)、游艇(YH)、货轮(FH)、其他舰船(OS)、火车(TN)等多类细粒度目标，检测精度 AP 值均逐级递增，说明网络对应的各模块改进的有效性。

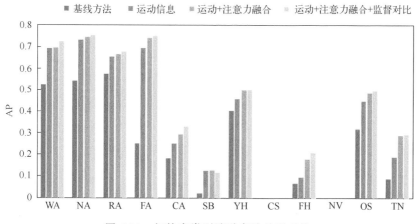

图 5-31　细粒度类别消融实验结果对比

然而，由于检测算法中各模块的设计更多从全局角度设计，而非针对特定的目标类别，所以消融实验结果中并非所有目标类别 AP 均是递增，网络在补充稠密光流的运动信息后，对于快艇(SB)目标的检测精度得到明显的提升，而进一步通过特征注意力融合和监督对比学习后，其 AP 指标不增反降。

分析原因在于，快艇(SB)目标尺寸小、运动速度快，其特点决定了仅依赖有限的外观信息难以实现检测，通过补充稠密光流信息可以引导网络从背景中快速定位运动的目标，提升对该目标的检测性能。对于本节所提方法的注意力融合模块和细粒度监督对比学习模块，其网络训练的优化方向是以卫星视频细粒度目标检测整体性能为目标，因此难以保证模型对于所有的目标类别检测表现均有效提升。

此外，本节还对所提方法的主要配置参数开展了消融实验对比，以评估分析不同参数对检测性能的具体影响。首先是网络输入端稠密光流对应的间隔帧数，光流估计是基于两帧图像像素移动统计而来的二维矢量场，一般默认计算视频中相邻帧的运动变化。由于卫星视频时序冗余度高，大尺度场景的目标运动相对缓慢，此外还受到背景移动的干扰影响，所以基于相邻帧的稠密光流难以突出实际运动的目标。对此，本节以 1～5 为间隔距离，分别计算稠密光流并开展目标检测结果对比，如图 5-32 所示。

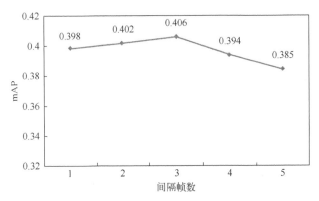

图 5-32　卫星视频光流间隔帧消融实验结果对比

从实验结果可以看出，随着增加计算稠密光流的间隔帧数，对应检测结果 mAP 呈现先增大后降低的趋势，原因在于当间隔帧过小时，光流中的运动目标不够显著，且包含背景噪声干扰；当间隔帧数过大时，光流与对应图像帧会存在目标匹配偏移，如图 5-33 所示，因此所提方法对应性能表现最佳的间隔帧数为 3。

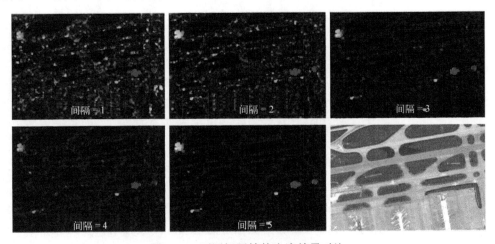

图 5-33　不同间隔帧的光流结果对比

此外，网络中的注意力模块需要将骨干网络提取的特征按照维度方向划分为若干组，为确定所提方法中融合模块最适用的超参数，本节统计了不同组数对应的mAP，如图 5-34 所示。从结果可以看出，随着该参数的逐级增加，检测性能出现震荡性的变化，原因在于划分的组数直接影响模块后续子特征间的交互，进而导致检测模型的性能表现差异。

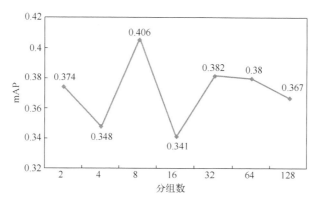

图 5-34　注意力融合模块分组数量消融实验

5.4.3.3　对比实验

表 5-8 对比展示了本节所提方法和 Faster R-CNN[72]、Cascade R-CNN[73]、Libra R-CNN[74]、RetinaNet[75]、ATSS[76]、YOLO[77]、FCOS[78]和 DETR[79]等 8 种方法在相同实验配置条件下卫星视频细粒度目标检测的整体性能。从表中可以看出，本节所提方法在检测精度表现上具有显著优势，仅依赖训练集视频首帧标签的半监督条件下，较其他全监督学习方法在 mAP 指标领先 0.071～0.187。其中，对比方法中准确率表现最佳的 DETR 对应 mAP 为 0.335，然而其运算速度表现最差，低于卫星视频帧率无法实时检测，而本节所提方法不仅检测准确率表现较好，而且推理效率也满足实时检测的性能要求。

对比基于图像的目标检测和基于视频的目标检测结果可以看出，尽管基于视频的目标检测方法本身设计了对于视频中时序信息的学习，但是基于图像的检测基准方法准确率和运算效率等指标上，总体优于基于视频的目标检测基准方法。对具体方法进行结果分析，其中 DFF[80]主要针对视频目标逐帧检测速度慢的问题，以 Faster R-CNN 为框架，通过光流对特征进行时序传播以提高效率，方法的检测精度并不具有优势，甚至对于非关键帧会导致精度下降。实验结果也表明该方法确实具有较高的运算效率，FPS 指标高达 38.9，但是 mAP 表现低于 Faster R-CNN 的方法。

FGFA[81]和 SELSA[82]分别采用将相邻帧运动部分的特征聚合到当前帧、基于相似度聚合不同帧的特征等策略，来解决视频目标变化快带来的运动模糊、视频散焦和奇特姿态等问题，而卫星视频中的目标本身运动变化较慢，两种方法对视频时序信息的利用无法有效提升目标的检测精度。T-R-A方法[83]主要通过利用特征相似度从其他帧特征来辅助当前帧的特征表达，从而解决视频目标外观退化的问题，而卫星视频冗余度高，目标在时序上的视觉特征变化较小，因此该方法的检测性能也较基于图像的检测方法差。

表 5-8　卫星视频细粒度目标检测整体性能对比

	监督类型	检测方式	mAP	FPS
Faster R-CNN	全监督学习	基于图像的检测	0.270	19.0
Cascade R-CNN			0.275	15.7
Libra R-CNN			0.258	17.9
RetinaNet			0.228	20.2
ATSS			0.295	21.2
YOLO			0.328	39.7
FCOS			0.219	15.9
DETR			0.335	7.9
DFF	全监督学习	基于视频的检测	0.264	38.9
FGFA			0.249	8.6
SELSA			0.254	9.4
T-R-A			0.261	3.7
所提方法	半监督学习	基于视频的检测	0.406	15.3

表 5-9 分别展示了所提方法与基于视频的目标检测、基于图像的目标检测等基准方法对各目标类别的检测精度统计。鉴于宽体机(WA)、窄体机(NA)、后置引擎机(RA)、四引擎机(FA)等目标在结构形态、目标尺寸等方面可区分性强，而且较其他类别训练样本更为丰富，使得训练模型具有更好的泛化性，各类方法均取得了较高的检测精度。游艇(YH)、其他舰船(OS)、快艇(SB)等样本数量少且目标类内差异大，导致多数算法表现欠佳，而本节所提方法通过充分考虑卫星视频数据和目标特点，采取了更适用的设计方案和优化策略，不仅大幅降低了对标注样本的依赖，而且取得了更优异的细粒度目标检测性能表现。

表 5-9　卫星视频各细粒度目标检测精度对比

	WA	NA	RA	FA	CA	SB
DFF	0.654	0.364	0.671	0.416	0.007	0.000
	YH	CS	FH	NV	OS	TN
	0.067	0.031	0.212	0.000	0.289	0.238

续表

	WA	NA	RA	FA	CA	SB
FGFA	0.667	0.347	0.658	0.423	0.007	0.000
	YH	CS	FH	NV	OS	TN
	0.075	0.042	0.234	0.000	0.291	0.243
	WA	NA	RA	FA	CA	SB
SELSA	0.682	0.371	0.682	0.423	0.007	0.000
	YH	CS	FH	NV	OS	TN
	0.075	0.045	0.212	0.000	0.301	0.250
	WA	NA	RA	FA	CA	SB
T-R-A	0.689	0.388	0.691	0.433	0.007	0.000
	YH	CS	FH	NV	OS	TN
	0.080	0.051	0.233	0.000	0.304	0.261
	WA	NA	RA	FA	CA	SB
所提方法	0.728	0.756	0.679	0.754	0.334	0.117
	YH	CS	FH	NV	OS	TN
	0.504	0.000	0.210	0.000	0.498	0.298

值得一提的是，卫星视频中的飞机、舰船等目标多为刚体结构，目标的形状、大小以及内部点位的相对位置几乎不会随着视频帧间时序变化而变化，而对于火车而言，对地观测视场下的目标呈线状结构，在火车进出车站、轨道行迹转向或弯曲等不同情况下，目标外观会发生剧烈变化。由于本节所提方法在训练阶段仅依据视频中的首帧图像，火车在后续帧中的变化信息没有得到有效学习，所以较全监督学习的图像目标检测对比方法，火车(TN)的 AP 指标表现较差。

为分析所提方法对卫星视频细粒度目标的分类性能，评估模型在识别不同目标类别的具体表现，本节统计了细粒度分类的混淆矩阵，如图 5-35 所示。从统计结果可以看出，对于细粒度飞机类别，其中宽体机(WA)、窄体机(NA)由于本身在外观形态具有较好的可区分性，模型分类精度较高，而后置引擎机(RA)由于与其他类别的飞机外观差异较小，容易被错分为宽体机(WA)或窄体机(NA)。此外，由于四引擎机(FA)和宽体机(WA)目标尺寸均较大，二者仅在机翼引擎数量上有细微的差别，且宽体机样本数量占比更大，导致模型易将四引擎机(FA)错分为宽体机(WA)。

对于细粒度舰船类别，模型易将快艇(SB)错分为游艇(YH)，这主要是由于两类目标主要区别在于目标尺寸，前者样本数量更少，导致训练的检测模型更倾向于将相似目标识别为游艇(YH)。此外，由于游轮(CS)、军舰(NV)样本数量较少，且目标类内差异较大，训练的模型不具备有效识别相关目标类别的能力。

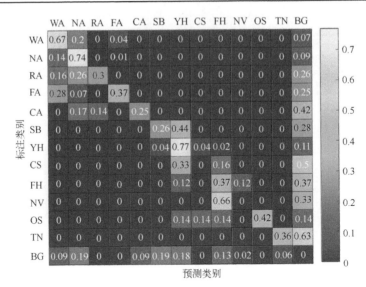

图 5-35　卫星视频细粒度分类混淆矩阵

5.4.3.4　可视化分析

为检验本节所提方法在具体卫星视频场景中细粒度目标检测的实际表现，对比展示了所提方法与基线方法在部分测试集视频场景中的检测结果，如图 5-36 和图 5-37 所示，图中基线方法、本节所提方法对应的检测结果分别用绿框和红框表示，目标标注真值则以黄框进行表示，MD 表示漏检，FD 表示误检。

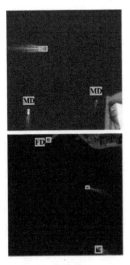
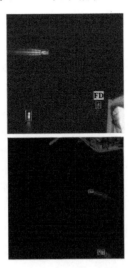
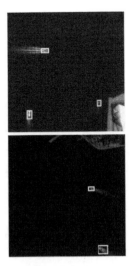

(a)基线方法　　　　　　　　(b)所提方法　　　　　　　　(c)标注真值

图 5-36　卫星视频舰船场景检测结果可视化

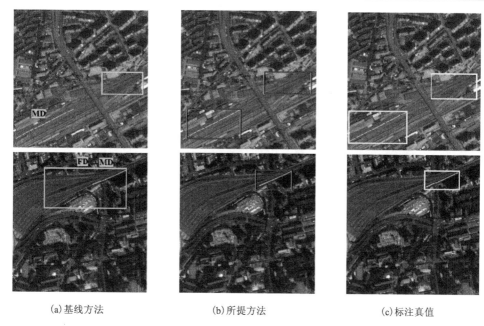

(a)基线方法　　　　　　　　(b)所提方法　　　　　　　　(c)标注真值

图 5-37　卫星视频火车场景检测结果可视化

可视化对比可以发现，本节所提方法有效缓解了改进前基线方法存在的漏检和误检问题，其中漏检主要为飞机、舰船和火车等运动目标，分析原因在于基线方法仅依赖单一的外观特征，对于目标背景的干扰如飞机跑道的地标、与火车外观近似的铁轨，以及目标尺寸过小特征微弱时会导致检测方法失效，而本节所提方法在外观特征基础上还充分利用到卫星视频的运动特征，增强了对视频中运动目标的感知。

在误检方面，所提方法相比基线方法能够更好地区分不同粒度的飞机（WA、FA、NA）和舰船（SB、YH），这一方面得益于所提方法开展目标类别判断的依据是外观和运动的融合特征，目标更丰富、全面的描述信息有助于区分不同类别；另一方面，引入的监督对比引导网络学习到目标更具可区分性的特征表示。

为进一步在特征可解释层面分析目标检测方法在卫星视频中的具体表现，本节基于所提方法和基线方法对应的模型进行特征抽取与热力图分布可视化。图 5-38～图 5-40 分别展示了对于包含飞机、舰船和火车等不同目标的视频场景特征热力图对比。可以明显看出，相比基线方法，本节所提方法提取的特征都更精确地聚焦到待检测的目标，说明网络模型捕捉的特征更符合目标检测的任务需求，再次验证了对基线方法的相关改进是有效的。

基线方法

所提方法

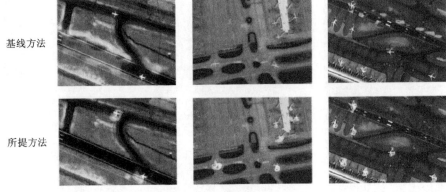

图 5-38　飞机场景的特征热力分布图对比

基线方法

所提方法

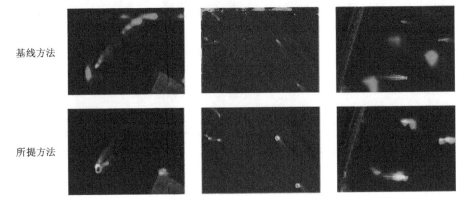

图 5-39　舰船场景的特征热力分布图对比

基线方法

所提方法

图 5-40　火车场景的特征热力分布图对比

参 考 文 献

[1] Narayanamurthy P, Vaswani N. Provable dynamic robust PCA or robust subspace tracking. IEEE Transactions on Information Theory, 2018, 65(3): 1547-1577.

[2] Reynolds D A. Gaussian mixture models. Encyclopedia of Biometrics, 2009, 741: 659-663.

[3] Yang T, Wang X, Yao B, et al. Small moving vehicle detection in a satellite video of an urban area. Sensors, 2016, 16(9): 1528.

[4] Ao W, Fu Y, Xu F. Detecting tiny moving vehicles in satellite videos. arXiv Preprint, 2018.

[5] Lei J, Dong Y, Sui H. Tiny moving vehicle detection in satellite video with constraints of multiple prior information. International Journal of Remote Sensing, 2021, 42(11): 4110-4125.

[6] Zhang J, Jia X, Hu J, et al. Online structured sparsity-based moving-object detection from satellite videos. IEEE Transactions on Geoscience and Remote Sensing, 2020, 58(9): 6420-6433.

[7] Zhang J, Jia X, Hu J. Error bounded foreground and background modeling for moving object detection in satellite videos. IEEE Transactions on Geoscience and Remote Sensing, 2019, 58(4): 2659-2569.

[8] Zhang J, Jia X, Hu J, et al. Moving vehicle detection for remote sensing video surveillance with nonstationary satellite platform. IEEE Transactions on Pattern Analysis and Machine Intelligence, 2021, 44(9): 5185-5198.

[9] Zhang X, Xiang J, Zhang Y. Space object detection in video satellite images using motion information. International Journal of Aerospace Engineering, 2017, (1): 1024529.

[10] Li H, Chen L, Li F, et al. Ship detection and tracking method for satellite video based on multiscale saliency and surrounding contrast analysis. Journal of Applied Remote Sensing, 2019, 13(2): 26511.

[11] Shi F, Qiu F, Li X, et al. Detecting and tracking moving airplanes from space based on normalized frame difference labeling and improved similarity measures. Remote Sensing, 2020, 12(21): 3589.

[12] Shu M, Zhong Y, Lv P. Small moving vehicle detection via local enhancement fusion for satellite video. International Journal of Remote Sensing, 2021, 42(19): 189-214.

[13] Chen X, Sui H, Fang J, et al. A novel AMS-DAT algorithm for moving vehicle detection in a satellite video. IEEE Geoscience and Remote Sensing Letters, 2020, 19: 1-5.

[14] Yin Q, Hu Q, Liu H, et al. Detecting and tracking small and dense moving objects in satellite videos: a benchmark. IEEE Transactions on Geoscience and Remote Sensing, 2021, 60: 1-8.

[15] Chen R, Li X, Li S. A lightweight CNN model for refining moving vehicle detection from satellite videos. IEEE Access, 2020, 8: 221897-221917.

[16] Feng J, Zeng D, Jia X, et al. Cross-frame keypoint-based and spatial motion information-guided networks for moving vehicle detection and tracking in satellite videos. ISPRS Journal of Photogrammetry and Remote Sensing, 2021, 177: 116-130.

[17] 刘贵阳, 李盛阳, 邵雨阳. 卫星视频中目标的快速检测算法研究. 计算机系统应用, 2018, 27(11): 155-160.

[18] Xiao C, Yin Q, Ying X, et al. DSFNet: dynamic and static fusion network for moving object detection in satellite videos. IEEE Geoscience and Remote Sensing Letters, 2021, 19: 1-5.

[19] Pflugfelder R, Weissenfeld A, Wagner J. Deep vehicle detection in satellite video. arXiv Preprint, 2022.

[20] Zhou Z, Li S, Guo W, et al. Few-shot aircraft detection in satellite videos based on feature scale selection pyramid and proposal contrastive learning. Remote Sensing, 2022, 14(18): 4581.

[21] Pi Z, Jiao L, Liu F, et al. Very low-resolution moving vehicle detection in satellite videos. IEEE Transactions on Geoscience and Remote Sensing, 2022, 60: 1-7.

[22] Chen H, Wang Y, Wang G, et al. LSTD: a low-shot transfer detector for object detection// Proceedings of the AAAI Conference on Artificial Intelligence, New Orleans, 2018.

[23] Li K, Wan G, Cheng G, et al. Object detection in optical remote sensing images: a survey and a new benchmark. ISPRS Journal of Photogrammetry and Remote Sensing, 2020, 159: 296-307.

[24] Lin T Y, Maire M, Belongie S, et al. Microsoft COCO: common objects in context//13th European Conference on Computer Vision, Zurich, 2014.

[25] Chen G, Wang H, Chen K, et al. A survey of the four pillars for small object detection: multiscale representation, contextual information, super-resolution, and region proposal. IEEE Transactions on Systems, Man, and Cybernetics: Systems, 2020, 52(2): 936-953.

[26] Lin T Y, Dollár P, Girshick R, et al. Feature pyramid networks for object detection//Proceedings of the IEEE Conference on Computer Vision and Pattern Recognition, Hawaii, 2017.

[27] Liu S, Huang D, Wang Y. Learning spatial fusion for single-shot object detection. arXiv Preprint, 2019.

[28] Wang T, Anwer R M, Khan M H, et al. Deep contextual attention for human-object interaction detection//Proceedings of the IEEE/CVF International Conference on Computer Vision, Seoul, 2019.

[29] Yu F, Koltun V. Multi-scale context aggregation by dilated convolutions. arXiv Preprint, 2015.

[30] Hong M, Li S, Yang Y, et al. SSPNet: scale selection pyramid network for tiny person detection from UAV images. IEEE Geoscience and Remote Sensing Letters, 2021, 19: 1-5.

[31] Chen L C, Papandreou G, Kokkinos I, et al. Deeplab: semantic image segmentation with deep convolutional nets, atrous convolution, and fully connected CRFS. IEEE Transactions on Pattern Analysis and Machine Intelligence, 2017, 40(4): 834-848.

[32] Huang X, He B, Tong M, et al. Few-shot object detection on remote sensing images via shared attention module and balanced fine-tuning strategy. Remote Sensing, 2021, 13(19): 3816.

[33] Xiao Y, Lepetit V, Marlet R. Few-shot object detection and viewpoint estimation for objects in the wild. IEEE Transactions on Pattern Analysis and Machine Intelligence, 2022, 45(3): 90-106.

[34] Sun B, Li B, Cai S, et al. FSCE: few-shot object detection via contrastive proposal encoding//Proceedings of the IEEE/CVF Conference on Computer Vision and Pattern Recognition, 2021.

[35] Yan X, Chen Z, Xu A, et al. Meta R-CNN: towards general solver for instance-level low-shot learning//Proceedings of the IEEE/CVF International Conference on Computer Vision, Long Beach, 2019.

[36] Zhao M, Li S, Xuan S, et al. SatSOT: a benchmark dataset for satellite video single object tracking. IEEE Transactions on Geoscience and Remote Sensing, 2022, 60: 1.

[37] Kulchandani J S, Dangarwala K J. Moving object detection: review of recent research trends//The 2015 International Conference on Pervasive Computing (ICPC), Marrakech, 2015.

[38] Xiao A, Wang Z, Wang L, et al. Super-resolution for "Jilin-1" satellite video imagery via a convolutional network. Sensors, 2018, 18(4): 1194.

[39] Xuan S, Li S, Zhao Z, et al. Rotation adaptive correlation filter for moving object tracking in satellite videos. Neurocomputing, 2021, 438: 94-106.

[40] Zhou Z, Li S, Li X, et al. Moving ship detection of satellite video based on a weakly supervised detector. Image and Signal Processing for Remote Sensing XXIX, SPIE, 2023, 12733: 179-186.

[41] Gedraite E S, Hadad M. Investigation on the effect of a Gaussian Blur in image filtering and segmentation//Proceedings ELMAR, Zadar, 2011.

[42] Fogel I, Sagi D. Gabor filters as texture discriminator. Biological Cybernetics, 1989, 61(2): 103-113.

[43] Lee D S, Hull J J, Erol B. A Bayesian framework for Gaussian mixture background modeling//Proceedings 2003 International Conference on Image Processing, Barcelona, 2003.

[44] Qian Y, Zhang K, Qiu F. Spatial contextual noise removal for post classification smoothing of remotely sensed images//Proceedings of the 2005 ACM Symposium on Applied Computing, Socorro, 2005.

[45] Liu X, Lu X, Shen H, et al. Stripe noise separation and removal in remote sensing images by consideration of the global sparsity and local variational properties. IEEE Transactions on Geoscience and Remote Sensing, 2016, 54(5): 3049-3060.

[46] Bhosale N P, Manza R R. Analysis of effect of noise removal filters on noisy remote sensing images. International Journal of Scientific & Engineering Research (IJSER), 2013, 4(10): 1151.

[47] Risojević V, Momić S, Babić Z. Gabor descriptors for aerial image classification//10th

International Conference on Adaptive and Natural Computing Algorithms, Ljubljana, 2011.

[48] Power P W, Schoonees J A. Understanding background mixture models for foreground segmentation//Proceedings Image and Vision Computing New Zealand, 2002.

[49] Poppe C, Martens G, Lambert P, et al. Improved background mixture models for video surveillance applications//The 8th Asian Conference on Computer Vision, Tokyo, 2007.

[50] Kirillov A, Wu Y, He K, et al. Pointrend: image segmentation as rendering//Proceedings of the IEEE/CVF Conference on Computer Vision and Pattern Recognition, 2020.

[51] Cheng T, Wang X, Huang L, et al. Boundary-preserving mask R-CNN//European Conference on Computer Vision, Glasgow, 2020.

[52] Zhang G, Lu X, Tan J, et al. Refinemask: towards high-quality instance segmentation with fine-grained features//Proceedings of the IEEE/CVF Conference on Computer Vision and Pattern Recognition, 2021.

[53] Li G, Li X, Wang Y, et al. Pseco: pseudo labeling and consistency training for semi-supervised object detection//European Conference on Computer Vision, Tel Aviv, 2022.

[54] Deng W, Yin W. On the global and linear convergence of the generalized alternating direction method of multipliers. Journal of Scientific Computing, 2016, 66: 889-916.

[55] Zhang Q L, Li S L, Duan J G, et al. Moving object detection method based on the fusion of online moving window robust principal component analysis and frame difference method. Neural Processing Letters, 2024, 56(2): 55.

[56] Xiang X, Zhai M, Lv N, et al. Vehicle counting based on vehicle detection and tracking from aerial videos. Sensors, 2018, 18(8): 2560.

[57] Wang Y B, Ren J Y. An improved VIBE based on Gaussian pyramid//The 4th International Conference on Control and Robotics Engineering (ICCRE), Nanjing, 2019.

[58] Zhou T, Tao D. GoDec: randomized low-rank & sparse matrix decomposition in noisy case//Proceedings of the 28th International Conference on Machine Learning, Bellevue, 2011.

[59] Zhou X, Yang C, Yu W. Moving object detection by detecting contiguous outliers in the low-rank representation. IEEE Transactions on Pattern Analysis and Machine Intelligence, 2012, 35(3): 597-610.

[60] Bruhn A, Weickert J, Schnörr C. Lucas/Kanade meets Horn/Schunck: combining local and global optic flow methods. International Journal of Computer Vision, 2005, 61: 211-231.

[61] Dosovitskiy A, Fischer P, Ilg E, et al. Flownet: learning optical flow with convolutional networks//Proceedings of the IEEE International Conference on Computer Vision, Santiago, 2015.

[62] Zhou Z, Li S. Less is more: a semi-supervised fine-grained object detection for satellite video. Engineering Applications of Artificial Intelligence, 2024.

[63] Ilg E, Mayer N, Saikia T, et al. Flownet 2.0: evolution of optical flow estimation with deep networks//Proceedings of the IEEE Conference on Computer Vision and Pattern Recognition, Hawaii, 2017.

[64] Hu J, Shen L, Sun G. Squeeze-and-excitation networks//Proceedings of the IEEE Conference on Computer Vision and Pattern Recognition, Salt Lake City, 2018.

[65] Wang Q, Wu B, Zhu P, et al. ECA-Net: efficient channel attention for deep convolutional neural networks//Proceedings of the IEEE/CVF Conference on Computer Vision and Pattern Recognition, 2020.

[66] Zhang Y, Li K, Li K, et al. Image super-resolution using very deep residual channel attention networks//Proceedings of the European Conference on Computer Vision (ECCV), Munich, 2018.

[67] Woo S, Park J, Lee J Y, et al. Cbam: convolutional block attention module//Proceedings of the European Conference on Computer Vision (ECCV), Munich, 2018.

[68] Park J, Woo S, Lee J Y, et al. Bam: bottleneck attention module. arXiv Preprint, 2018.

[69] Fu J, Liu J, Tian H, et al. Dual attention network for scene segmentation//Proceedings of the IEEE/CVF Conference on Computer Vision and Pattern Recognition, Long Beach, 2019.

[70] Zhang Q L, Yang Y B. Sa-net: shuffle attention for deep convolutional neural networks//IEEE International Conference on Acoustics, Speech and Signal Processing (ICASSP), Toronto, 2021.

[71] Khosla P, Teterwak P, Wang C, et al. Supervised contrastive learning. Advances in Neural Information Processing Systems, 2020, 33: 61-73.

[72] Ren S, He K, Girshick R, et al. Faster R-CNN: towards real-time object detection with region proposal networks//Advances in Neural Information Processing Systems, San Diego, 2015.

[73] Cai Z, Vasconcelos N. Cascade R-CNN: high quality object detection and instance segmentation. IEEE Transactions on Pattern Analysis and Machine Intelligence, 2019, 43(5):1483-1498.

[74] Pang J, Chen K, Shi J, et al. Libra R-CNN: towards balanced learning for object detection//Proceedings of the IEEE/CVF Conference on Computer Vision and Pattern Recognition, Long Beach, 2019.

[75] Lin T Y, Goyal P, Girshick R, et al. Focal loss for dense object detection//Proceedings of the IEEE International Conference on Computer Vision, Venice, 2017.

[76] Zhang S, Chi C, Yao Y, et al. Bridging the gap between anchor-based and anchor-free detection via adaptive training sample selection//Proceedings of the IEEE/CVF Conference on Computer Vision and Pattern Recognition, 2020.

[77] Redmon J, Divvala S, Girshick R, et al. You only look once: unified, real-time object detection//Proceedings of the IEEE Conference on Computer Vision and Pattern Recognition, Las Vegas, 2016.

[78] Tian Z, Shen C, Chen H, et al. FCOS: fully convolutional one-stage object detection. arXiv

Preprint, 2019.

[79] Zhu X, Su W, Lu L, et al. Deformable DETR: deformable transformers for end-to-end object detection. arXiv Preprint, 2010.

[80] Zhu X, Xiong Y, Dai J, et al. Deep feature flow for video recognition// Proceedings of the IEEE Conference on Computer Vision and Pattern Recognition, Hawaii, 2017.

[81] Zhu X, Wang Y, Dai J, et al. Flow-guided feature aggregation for video object detection//Proceedings of the IEEE International Conference on Computer Vision, Venice, 2017.

[82] Wu H, Chen Y, Wang N, et al. Sequence level semantics aggregation for video object detection//Proceedings of the IEEE/CVF International Conference on Computer Vision, Seoul, 2019.

[83] Gong T, Chen K, Wang X, et al. Temporal ROI align for video object recognition//Proceedings of the AAAI Conference on Artificial Intelligence, 2021.

第 6 章 视频目标跟踪

6.1 背景介绍

6.1.1 任务简介

卫星视频目标跟踪旨在对卫星视频中典型或感兴趣的动态目标如车辆、飞机、舰船、火车等进行跟踪，并自动估计目标在视频中的状态，如位置、尺寸、状态和轨迹等信息，实现对目标运动状态的感知。

随着深度学习的发展，目标跟踪近年来有了突破性的进展，卫星视频目标跟踪不仅仅局限于经典的视觉方法，更是结合了深度学习方法，取得了更加准确、快速与鲁棒的结果。根据跟踪目标数量的不同，一般可以分为单目标跟踪与多目标跟踪两个任务。

单目标跟踪任务根据第一帧中给定的待跟踪目标的状态，逐帧定位卫星视频中的待跟踪目标，给出待跟踪目标的位置及边界框，如图 6-1 所示。

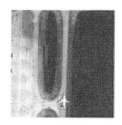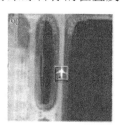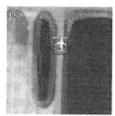

图 6-1 单目标跟踪示例(图中三种颜色的框代表三种不同方法的跟踪结果)

多目标跟踪任务同时对输入卫星视频中指定类别的多个感兴趣的目标进行定位，并对不同帧中的目标进行一一对应，给出不同目标的运动轨迹。典型的运动目标如车辆、飞机、舰船等，如图 6-2 所示。

图 6-2 多目标跟踪示例

6.1.2　方法概述

本节主要概述基于视频的单目标跟踪与多目标跟踪的方法发展情况。

1) 基于视频的单目标跟踪

近年来，卫星视频单目标跟踪方法主要包括生成式方法和判别式方法。生成式方法提取目标特征进行建模，并逐帧地找到与生成模型描述相似的目标。该类方法包括均值漂移[1]、粒子滤波[2]、卡尔曼滤波[3]、滑窗搜索[4]等。生成式方法忽略背景信息，当目标形变较大、背景中有相似目标或抖动时，跟踪准确率会显著降低。与生成式方法相比，判别式方法准确率高且速度快，通常在跟踪过程中训练一个目标分类器，将目标作为前景进行分类并实现跟踪，其中判别相关滤波类方法[5-7]最具代表性，随着深度学习的发展，涌现了一些具有更强特征表示能力的跟踪器，主要包括基于孪生网络的跟踪器[8-10]、深度判别相关滤波器[11-13]、在线基于检测的跟踪器[14]等。

相关滤波 (Correlation Filter，CF) 类方法由于其高效而准确的跟踪而备受青睐。一些研究人员结合目标检测算法来提高卫星视频跟踪器的性能。Du 等人[15]将三帧差分算法与 CF 跟踪器相结合，提出了一种卫星视频跟踪算法。基于背景减除技术，Ahmadi 等人[16]提出了一种检测和跟踪卫星视频中车辆和舰船的方法。一些算法通过提取目标的运动信息来跟踪目标。Shao 等人[17]设计了一种速度相关滤波器算法，该算法采用了通过光流法和惯性机制获得的速度特征。Du 等人[18]构建了一个多帧光流跟踪器，它结合了光流法和多帧差分法，用于卫星视频中的目标跟踪。Chen 等人[19]提出了一个空间掩码来促进相关滤波根据空间距离给出不同的贡献，然后应用卡尔曼滤波器来预测大型和类似背景区域中的目标位置。后来，Guo 等人[20]引入了运动车辆目标的全局运动特性来约束跟踪过程，通过对位置和速度进行积分，对运动目标的轨迹进行修正。Xuan 等人[21]提出了一种结合卡尔曼滤波器和运动轨迹平均策略的运动估计算法来处理卫星视频中的遮挡问题。其他方法利用目标的特征来跟踪目标，如 Xuan 等人[22]提出了一种旋转自适应相关滤波跟踪算法来解决卫星视频中目标的旋转问题，所提出的方法使特征图对于目标旋转保持稳定，并实现了估计边界框大小变化的能力。Chen 等人[23]解耦了旋转和平移运动模式，并开发了一种具有运动约束的新型旋转自适应跟踪器。此外，Pei 等人[24]设计了一个基于颜色名称特征和卡尔曼预测的核相关滤波器。Liu 等人[25]在核相关滤波 (Kernel Correlation Filter，KCF) 基础上融合目标的不同特征，引入卡尔曼滤波补偿运动位置偏差。Wang 等人[26]聚焦于样本训练策略和样本表征能力来增强卫星视频目标跟踪，建立了针对目标和背景的过滤训练机制以提高跟踪算法的辨别能力，并使用 Gabor 滤波器构建目标特征模型，以增强目标和背景之间的对比度。

随着深度学习和神经网络的发展，一些研究使用深度神经网络来增强跟踪器的特征建模过程。Hu 等人[27]构建了一个用于卫星视频目标跟踪的卷积回归网络，它使用预训练的深度神经网络来提取外观和运动特征。Uzkent 等人[28]利用卷积神经网络提取高光谱域特征，并基于 KCF 处理卫星视频跟踪问题。由于孪生网络的权重共享结构带来的显著效率优势，一些算法将其用于构建孪生网络跟踪框架。Shao 等人[29]构建了一个具有浅层特征的全卷积孪生网络，以提取卫星视频跟踪的细粒度外观特征，并结合高斯混合模型(GMM)，利用卡尔曼滤波处理跟踪遮挡和运动模糊问题。类似地，Zhu 等人[30]提出了帧间质心惯性运动模型的深度连体网络(Deep Siamese Network，DSN)，其中提出了 ID-CIM 机制来减轻模型漂移，并使用孪生区域提议网络来获得目标位置。此外，Ruan 等人[25]提出了一种双流深度神经网络(Siamese Recurrent Network，SRN)，其结合了孪生网络和运动回归网络实现卫星目标跟踪。Shao 等人[31]设计了一个高空间分辨率的轻量级并行网络，提出了一种基于在线运动目标检测和自适应融合的像素级细化模型，以增强卫星视频中的跟踪鲁棒性。Bi 等人[32]提出了一种基于可变角度自适应孪生网络(VAASN)的卫星视频目标跟踪方法，该方法基于全卷积孪生网络(Siamese-FC)，在特征提取阶段使用多频特征表示方法以减少复杂背景的影响，在跟踪阶段引入了一个可变角度自适应模块以适应目标旋转的变化。

2) 基于视频的多目标跟踪

相比于单目标跟踪，卫星视频多目标跟踪领域仍处于研究的初始阶段。其方法可以分为两个主流的趋势：基于检测的跟踪(Tracking Based Detection，TBD)方法和联合检测的跟踪(Joint Detection and Tracking，JDT)方法。TBD 类方法将检测和跟踪视为两个独立的任务，使用外部检测器来生成逐帧检测结果，然后应用另外的模型进行帧间目标关联；JDT 类方法设计模型以同时执行检测和关联，以更高效的方式完成跟踪。

在 TBD 框架下，算法通常使用目标检测器对场景中的潜在目标进行挖掘与检测，在此基础上对检测结果进行帧间关联得到多目标跟踪轨迹。一些研究侧重于运动目标检测方面的研究。Ao 等人[33]提出了一种基于局部噪声建模的车辆检测算法，通过指数概率分布将潜在的车辆目标与噪声模式区分开。Xiao 等人[34]提出了一个动态与静态融合的双流网络，其从单帧图像中提取静态上下文信息，并从连续帧中提取动态运动线索，然后将静态与动态特征融合以检测卫星视频中的运动目标。

在 JDT 框架下，算法将检测与跟踪联合进行，同时进行目标检测与时序关联。Zhou 等人[35]提出了一种同步检测和跟踪算法，将关键点检测模型应用于图像序列和前一帧检测结果，并通过关键点之间的关联来定位不同的目标从而完成跟踪。Wang 等人[36]和 Zhang 等人[37]则使用共享的网络同时进行检测特征和 ID 特征的提取，并对预测得到的 ID 进行关联从而完成跟踪。He 等人[38]从多任务学习的角度将多目标跟踪建模为图形信息推理过程，并提出了一个基于图的时空推理模块来挖掘视频帧之间潜在的高阶相关性。这些单阶段的方法节省了大量的推理时间，但是对于缺少外观信息的目标，较难很好地检测和关联。

6.1.3　应用场景

卫星视频目标跟踪技术近年来在多个应用场景中取得了显著进展，广泛应用于灾害监测、环境保护、交通管理、军事侦察、城市规划、农业管理、边境监控和海洋监测等领域。

在灾害监测中，卫星视频能够实时捕捉和分析自然灾害的发生与发展过程，如洪水、台风、地震、森林火灾等，提供灾害蔓延路径、受灾范围和变化趋势的信息，辅助灾害应急响应、资源调配和灾后评估，为决策者提供直观而详尽的数据支持，提升灾害应对的效率和准确性。在环境保护方面，卫星视频通过卫星视频的持续监测，能够实时捕捉并分析森林、湿地和海洋等生态系统的变化，及时发现如非法采伐、海洋溢油和非法捕捞等环境破坏行为。此外，其还能监控温室气体排放和空气污染源，为环境政策的制定和执行提供准确的数据支持。通过目标跟踪，可以建立高效的环境预警系统，一旦检测到异常情况，立即发出警报，促使相关部门采取行动。同时，目标跟踪有助于资源的合理管理和生态修复工程的评估，确保生态系统的健康和可持续发展。它还为环境执法提供有力证据，帮助打击环境犯罪，并促进公众参与和国际合作，共同应对全球性的环境挑战。在交通管理中，卫星视频技术支持交通流量监控、道路拥堵检测、事故管理等，通过分析交通模式和行为数据，有助于优化交通流量、减少拥堵和提高交通安全性，促进智能交通系统的发展。在军事侦察和国防安全中，卫星视频凭借其高分辨率和广域覆盖能力，可实时监视对方部队调动、设施建设、导弹发射等地面活动，为军事行动提供高价值情报，增强国防预警能力。在边境监控中，卫星视频可实时跟踪边境活动，监控非法越境、走私等情况，增强国家安全防护。在海洋监测中，卫星视频用于跟踪海洋交通、渔船活动、海洋污染等，有助于海洋资源管理和环境保护。

此外，在城市规划和基础设施建设中，卫星视频通过监测城市扩展、建筑施工、道路建设等活动，提供实时的地理信息，支持科学规划和资源优化，促进城市可持续发展。在农业管理方面，卫星视频有助于作物生长监控、病虫害检测和农田管理，提升农业生产效率和资源利用率。

6.2　基于运动估计的改进相关滤波卫星视频单目标跟踪

6.2.1　问题分析

卫星视频目标跟踪技术在应用中面临诸多挑战和问题。尽管各类方法在不同应用场景中展现出相应的优势,但它们也存在一些难以忽视的问题。

1)目标检测与识别的复杂性

多样性:卫星视频中的目标类型繁多,包括车辆、舰船、建筑物等,其外观、大小、运动模式差异显著。传统的相关滤波算法(如 CF、KCF 等)往往依赖目标的稳定特征来进行跟踪,当面对不同类别或形态变化明显的目标时,容易出现检测与识别误差。

小目标:由于卫星视频的太空俯视成像特性,目标通常尺寸较小且清晰度有限,跟踪算法在分辨率不高的图像中提取目标特征时存在困难。

2)动态复杂背景的干扰性

动态背景干扰:卫星视频常常包含复杂的背景信息,如城市建筑、道路、水面等。背景的快速变化(如天气变化、光照差异)可能干扰跟踪器的稳定性,尤其在应用背景减除和光流法时,背景噪声可能导致误检测或误跟踪。

遮挡与失踪:目标的运动过程中常常会遇到遮挡(如被建筑物、云层覆盖),或因运行轨迹变化而导致短暂失踪。卡尔曼滤波和轨迹平均策略虽能预测目标位置,但在长时间遮挡或复杂运动轨迹中,易出现位置预测不准的情况。

3)特征提取与融合的困难性

特征不稳定:特征提取方法(如旋转自适应 CF、Gabor 滤波器等)在面对目标旋转、形变时,可能无法稳定提取有效特征,导致跟踪精度下降。特征融合策略虽能一定程度提高稳定性,但其优化和参数调整过程复杂且时间耗费较大。

鲁棒性不足:在目标变化剧烈的情况下,现有方法对目标特征变化的敏感性不足,导致对目标的长期跟踪效果不理想。

4)跟踪方法的适应性与实时性

方法适应性:现有的跟踪方法(如三帧差分与 CF 结合、多帧光流法等)在特定环境或目标类型下表现出色,但在变化频繁的环境或面对新目标类型时,算法的适应性不足,缺乏统一的机制来有效处理各种复杂情况。

卫星视频通常需要实时处理以满足监控和紧急响应的需求。高计算复杂度的跟踪方法(如光流法、全局运动特性约束)尽管能提供较高的精度,但计算开销较大,难以满足实时处理要求。

综上所述,卫星视频目标跟踪方法在实际应用中存在目标检测复杂性、背景干扰性、特征提取困难性、方法适应性和实时性等方面的挑战。各种方法在其特定应用场景中展现了不同的优势,但也需要不断优化和改进,以提升其在复杂、多变环境中的性能和可靠性。未来的研究应着眼于多特征融合复杂背景下的跟踪鲁棒性以及算法实时性优化等方面,以实现更稳定、高效的目标跟踪。作者团队于 2019 年提出了一种基于运动估计的改进相关滤波卫星视频单目标追踪方法[21],发表于 *IEEE Transactions on Geoscience and Remote Sensing*,本节将详细介绍该方法。

6.2.2 方法原理

基于运动估计的相关滤波目标跟踪算法(Correlation Filter with Motion Estimation, CFME)[21]在 KCF[6]框架的基础上，针对运动目标的运动特点，提出了基于卡尔曼滤波与轨迹平均的运动估计方法，并利用运动估计算法解决了卫星视频目标被完全遮挡时的相关滤波算法丢失目标的问题，缓解了相关滤波算法的边界效应问题。方法总体流程如图 6-3 所示。

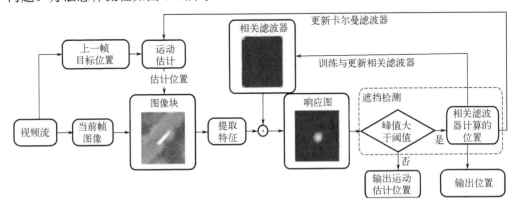

图 6-3 CFME 方法总体流程图

方法的总体计算流程如下：

(1)首先根据卫星视频上一帧目标的位置,使用运动估计计算当前帧目标的粗略位置；

(2)然后以该位置为搜索中心，从图像中采样生成搜索区域并提取特征；

(3)使用滤波器参数计算得到响应图并根据响应图计算得到目标位置；

(4)判断响应图峰值是否大于阈值：若响应图峰值大于阈值，则输出相关滤波器计算得到的目标位置；若响应图峰值小于阈值，证明目标被完全遮挡，输出运动估计得到的目标位置；

(5)最后根据跟踪结果，更新相关滤波器。

CFME 算法伪代码如表 6-1 所示。

表 6-1 CFME 算法伪代码

输入：视频序列 Frames

输出：目标位置 P_{new}

设置遮挡检测阈值 T

for i=1; i<=len(frames); i++ do

　　if i==1 then

/*在第一帧进行初始化*/

/*选择待跟踪目标*/

P_{old} ← 待跟踪目标位置

初始化 KCF 跟踪器 K

else

　　$w, P_{estimate}$ ← ME(frames, i, P_{old})

if w==FALSE then

　　从 frames[i]中裁剪得到图像块并提取特征（图像块大小为 2.5 倍目标大小，中心为 P_{old}）

　　使用特征与 K 计算得到目标位置 P_{new}

　　return P_{new}

else

　　从 frames[i]中裁剪得到图像块并提取特征（图像块大小为 2.5 倍目标大小，中心为 $P_{estimate}$）

　　使用特征与 K 计算得到目标位置 P 与响应图的最大值 p_v

　　if $p_v > T$ then

　　　　/*目标未被遮挡*/

　　　　更新卡尔曼滤波器 ME 与相关滤波器 K；

　　　　return P_{new} ← P

　　else

　　　　/*目标被遮挡*/

　　　　return P_{new} ← $P_{estimate}$

　　end if

end if

end if

end for

6.2.2.1　运动估计方法

卡尔曼滤波对于运动状态估计的准确性高，但是卡尔曼滤波较为复杂，需要一定的帧数进行迭代，滤波器才能收敛使系统状态稳定。为了解决卡尔曼滤波在收敛之前的运动估计问题，本节提出了一种计算简单的轨迹平均方法。

卫星视频典型的动态目标一般为车辆、飞机、舰船等，可假设在相对较短的时间内，目标的运动为匀速直线运动，即使目标处于转弯、急停或者加速等状态。基于这个假设，当前帧目标的运动速度可使用前几帧的位移的平均值来估计。使用目标的速度与上一帧目标的位置就可估计得到当前帧目标的位置。轨迹平均可以描述为

$$\Delta x_{t-1} = \mathrm{avg} \sum_{i=1}^{n} (x_{t-i} - x_{t-i-1}) \qquad (6\text{-}1)$$

$$\Delta y_{t-1} = \mathrm{avg} \sum_{i=1}^{n} (y_{t-i} - y_{t-i-1}) \qquad (6\text{-}2)$$

$$P_t = A S_{t-1} \qquad (6\text{-}3)$$

其中，n 为轨迹平均的帧数，为了保证目标匀速直线运动的假设成立，n 的设置不宜过大，$S_{t-1} = (x_{t-1}, y_{t-1}, \Delta x_{t-1}, \Delta y_{t-1})^{\mathrm{T}}$ 为 $t-1$ 时刻目标的状态向量，$P_t = (x_t, y_t)^{\mathrm{T}}$ 为 t 时刻目标的位置向量。A 为转移矩阵，可以写为

$$A = \begin{pmatrix} 1 & 0 & 1 & 0 \\ 0 & 1 & 0 & 1 \end{pmatrix} \qquad (6\text{-}4)$$

卡尔曼滤波器在一定的帧数之后才能收敛提供有效的预测，在卡尔曼滤波器收敛前，只要已处理的视频帧数大于轨迹平均所需要的帧数 n，就可以使用轨迹平均的结果作为运动估计的输出，待卡尔曼滤波器收敛后，使用卡尔曼滤波器的结果作为运动估计的输出。

运动估计的结果将作为相关滤波算法的搜索区域中心来辅助相关滤波器进行跟踪，从而确定目标的精确位置。相关滤波器得到的目标精确位置将作为卡尔曼滤波器的观测位置用来更新卡尔曼滤波器。在卡尔曼滤波器状态稳定之前，相关滤波器得到的目标精确位置将与卡尔曼滤波器估计得到的位置进行比较，以确定卡尔曼滤波器的收敛情况。考虑到卡尔曼滤波器在未稳定时具有随机性，当连续四帧卡尔曼滤波器的预测位置与相关滤波器得到的目标精确位置的欧氏距离在四个像素以内时，则认为卡尔曼滤波器状态已经收敛，将卡尔曼滤波器的结果作为运动估计的结果。

6.2.2.2　利用运动估计缓解相关滤波器的边界效应

相关滤波方法使用循环位移产生训练样本，并在傅里叶域中快速计算，使算法具有非常高的计算效率，但是同时也导致边界效应的产生。因为样本是通过循环位移产生，这些样本并没有真正地包含背景信息，导致分类器学习到了一部分错误的信息。同时，样本的重复性使样本的数量不足以训练一个鲁棒的分类器，分类器容易产生过拟合。这种过拟合导致分类器的鲁棒性下降，运动目标发生形变或被遮挡时，分类器的准确率将急速下降。只有当目标出现在搜索区域的中心，分类器才有较高的准确率。另外，为了使样本的边界平滑，需要对样本进行加窗处理，当目标不在搜索区域中心时，目标部分信息会损失，这也加剧了边界效应。

通过使用运动估计，可以将待跟踪的目标尽量放在搜索框的中心，在不影响相关滤波器的封闭解形式的前提下，缓解了边界效应。在视频序列的开始，帧数未达

到轨迹平均所需要的帧数之前，运动估计不工作，此时使用原始的相关滤波跟踪算法，将上一帧目标的中心位置作为当前帧的搜索区域的中心，并且在该位置提取目标特征，从而根据滤波器参数计算得到响应图，最后通过响应图计算得到该帧目标的位置；当运动估计开始工作时，运动估计根据上一帧的位置，可以估计得到当前帧目标的大概位置。此时，算法使用运动估计的位置作为当前帧相关滤波器的搜索区域的中心，之后在该位置提取特征并且计算得到目标的精确位置，并使用该位置来更新卡尔曼滤波器。使用该方法，可以很大程度上将待跟踪目标保持在搜索区域的中心，边界效应问题得到了缓解，实验证明，使用该方法可以极大地提高算法跟踪的准确率并且保证了算法的实时性。

6.2.2.3　使用运动估计解决目标被遮挡时相关滤波算法丢失目标问题

与普通的跟踪任务相比，在卫星视频中，目标被完全遮挡的情况是非常普遍的。以车辆为例，当目标通过立交桥底时，若立交桥较大，车辆将被完全遮挡，从图像中消失。通过使用运动估计与相关滤波算法相结合的方法来解决这个问题。

处理完全遮挡问题，通常需要解决以下三个子问题：

(1) 遮挡检测：算法需要检测到目标被完全遮挡或者大面积遮挡的发生；

(2) 遮挡处理：当完全遮挡或大面积遮挡发生时，需要进行处理，保证不丢失目标；

(3) 遮挡结束检测：算法需要检测到遮挡的结束。

下面阐述如何解决以上三个问题：

(1) 相关滤波跟踪器可以得到一个响应图，通过响应图峰值与图中心的偏移量来计算得到目标位置，峰值越大则置信度越高。所以，通过判断峰值的大小可以判断出目标是否被遮挡。当峰值大于阈值时，则目标未被遮挡，当峰值小于阈值时，目标被遮挡。因此当响应图的峰值小于一定阈值时，判断目标被遮挡，进入遮挡处理阶段。

(2) 目标被遮挡时，相关滤波器计算得到的位置是不准确的，此时，需要丢弃相关滤波器计算得到的位置。为了保证目标再次出现时仍在搜索区域中，使用运动估计的位置作为当前帧目标的位置。因为此时目标已经从图像中消失，所以无法得到目标的准确位置，需要停止卡尔曼滤波器的更新，防止滤波器发生错误偏移。同时，相关滤波器也停止更新，防止相关滤波器学习到背景特征，当目标再次出现时，无法恢复。

(3) 当相关滤波器得到的响应图峰值再次大于阈值时，遮挡已经结束，目标再次出现。因为在遮挡期间使用了运动估计的位置，所以目标仍在相关滤波器的搜索区域内，只需要回到未遮挡时的算法流程，就可以从遮挡处理状态恢复，重新定位到目标，继续进行跟踪。

该方法有效避免了目标被完全遮挡时，跟踪器丢失目标的情况发生，并且与相关滤波算法相比，所引入的计算量只有运动估计的卡尔曼滤波，保证了算法的实时性。

6.2.3　实验与分析

CFME 对于卫星视频车辆跟踪实验结果如表 6-2 和图 6-4 所示。

表 6-2　CFME 对车辆跟踪结果

	CFME[21]	KCF[6]	ECO[11]	BOOSTING[39]	MIL[40]	TLD[41]	MEDIANFLOW[42]
曲线下面积/%	72.95	58.17	59.06	46.55	36.25	0.238	9.333
总体成功率/%	94.30	73.46	74.27	52.71	40.66	0.239	8.873
总体准确率/%	96.41	79.20	79.81	61.17	46.99	0.239	10.78
FPS/%	123	132	58	61	7	2	87

与 KCF 进行对比，加入运动估计的 CFME 大大提高了 KCF 的跟踪准确率，曲线下面积提高了约 14%，总体成功率提高了约 20%，总体准确率提高了约 17%。TLD 算法与 MEDIANFLOW 算法在车辆目标上失效，分析原因是两个算法需要提取特征点计算光流，但是低分辨率车辆目标的特征点不明显甚至无特征点。综合对比，CFME 算法在各种准确率上都大幅度超过相关对比算法。

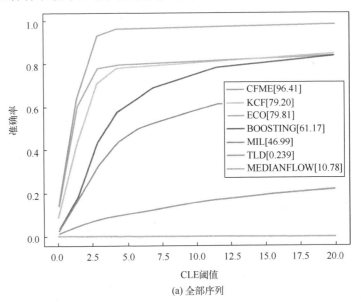

(a) 全部序列

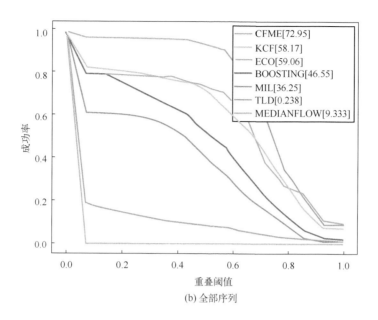

(b) 全部序列

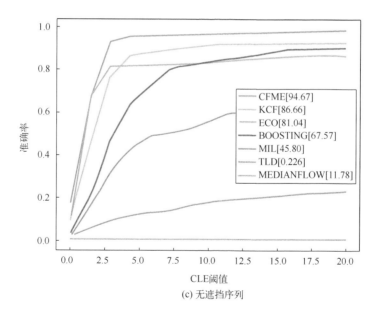

(c) 无遮挡序列

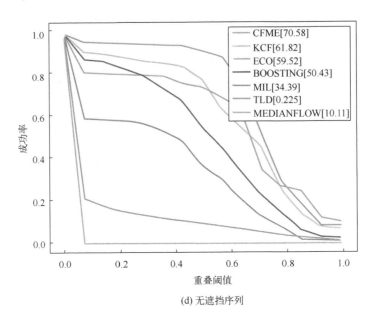

(d) 无遮挡序列

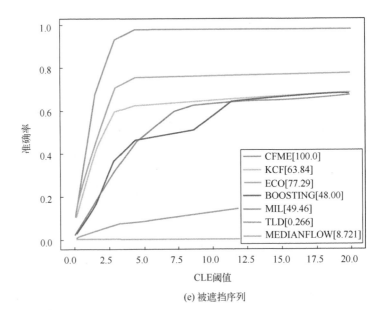

(e) 被遮挡序列

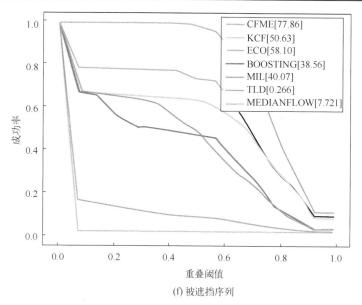

(f) 被遮挡序列

图 6-4　CFME 车辆跟踪结果图

CFME 对于卫星视频飞机跟踪实验结果如表 6-3 和图 6-5 所示。

表 6-3　CFME 对飞机跟踪结果

	CFME	KCF	ECO	BOOSTING	MIL	TLD	MEDIANFLOW
曲线下面积/%	69.28	64.33	76.39	65.18	67.00	22.32	63.04
总体成功率/%	69.2	69.8	98.2	70.6	100	12.6	69.8
总体准确率/%	66.2	65.6	69.4	66.8	17.2	27.8	51.8
FPS/%	102	106	49	49	9	15	155

可以看到，对于飞机这种纹理特征以及形状特征比较清晰的大目标，在曲线下面积方面 ECO 具有明显的优势达到了 76.39%,速度方面 MEDIANFLOW 以 155 FPS 取得了最高的成绩。MIL 算法的曲线下面积在整个视频序列中都超过了 50%，但是总体准确率却特别低，仅有 17.2%，说明 MIL 算法虽然可以正确跟踪目标，但是位置偏差较大，定位精度不足。

与其他方法相比，CFME 速度达到了 102 FPS 排在第三位，曲线下面积达到了 69.28%排在第二位，总体准确率达到了 66.2%排在了第三位，只有总体成功率较差排在第五位。

与 KCF 方法相比，在没有增加较大计算量的同时，CFME 准确率得到了很大的提高，证明了其在较大目标情况下的有效性。

CFME 算法在构建的实验测试视频数据集中跟踪成功率达到 94.3%，基于运动估计的改进相关滤波算法在卫星视频动态目标跟踪方面的应用是有效的。

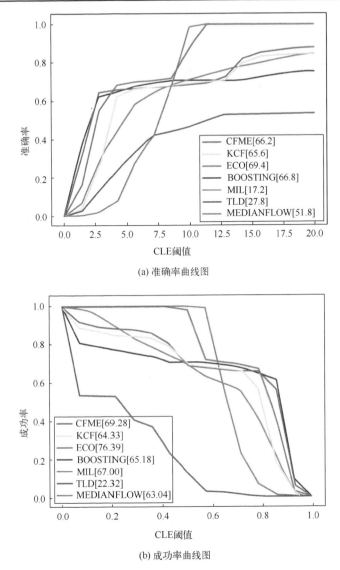

(a) 准确率曲线图

(b) 成功率曲线图

图 6-5　CFME 飞机跟踪结果图

6.3　基于旋转自适应相关滤波卫星视频目标跟踪

6.3.1　问题分析

随着空间对地观测技术的不断进步,卫星视频已成为监测地面活动的重要手段。在这些应用中,目标跟踪技术是实现对动态目标有效监控的关键。然而,现有目标跟踪算法在处理卫星视频时，尤其是在目标发生大范围旋转的情况下，常常面临精度下降的问题。

卫星视频提供了一个宏观的视角，使得对地面活动如交通流量、飞机移动等进行实时监控成为可能。目标跟踪技术使得研究人员能够对这些动态目标进行持续的观察和分析，对于提高监控效率、快速响应突发事件具有重要意义。

尽管相关滤波算法在目标跟踪领域表现出了良好的性能，但它们在处理具有大范围旋转的目标时常常失效。这是因为这些算法通常依赖于方向梯度直方图（HOG）等特征，这些特征虽然在某些方面表现出色，但它们通常不具备旋转不变性。当目标在图像中发生旋转时，这些特征的表达能力会显著下降，导致跟踪算法无法准确识别和定位目标。此外，卫星视频中的目标可能会因为距离变化、视角变化或自身运动而发生尺寸变化。现有算法往往难以适应这种尺寸变化，特别是在目标发生快速或大幅度尺寸变化时，跟踪性能会受到影响。同时，卫星视频常常面临光照变化、遮挡、背景干扰等复杂环境因素，现有算法在这些条件下可能无法保持稳定的跟踪性能，容易受到干扰而导致目标丢失。

为了克服现有方法的局限性，作者团队于 2021 年提出了一种旋转自适应相关滤波（Rotation Adaptive Correlation Filter，RACF）卫星视频目标跟踪方法[22]，发表于 *Neurocomputing* 期刊，本节将详细介绍该方法。

6.3.2　方法原理

RACF[22]通过估计目标的旋转，以达到校正特征图的目的从而稳定特征，避免了目标旋转引起的特征图变化，并且可以适应旋转过程中目标的矩形框尺寸的变化。方法流程如图 6-6 所示。

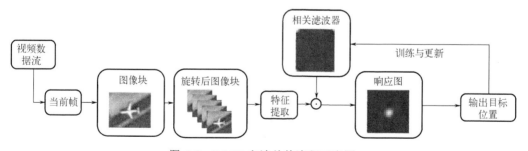

图 6-6　RACF 方法总体流程示意图

方法的总体计算流程如下：

（1）首先根据上一帧目标的位置，以该位置为搜索中心，从图像中采样生成搜索区域；

（2）然后根据当前目标旋转角度与旋转池角度对搜索区域进行旋转并提取特征；

（3）计算得到响应图，根据响应图计算得到目标位置，并计算对应得到的目标大小；

（4）最后根据跟踪结果，更新相关滤波器。

RACF 算法伪代码如表 6-4 所示。

表 6-4　RACF 算法伪代码

输入：视频序列 frames，旋转角度池 R

输出：P_t 目标位置

for $i=1$; $i<=$len(frames); $i++$ do

　　if $i==1$ then

　　　　/*在第一帧进行初始化*/

　　　　/*选择待追踪目标*/

　　　　P_{old} ← 待追踪目标位置

　　　　初始化当前旋转角度 r_c ← 0

　　else

　　　　从 frames[i]的 P_{old} 提取图像块 z；

　　　　旋转图像块 $z\{r+r_c \mid r \in R\}$ 并得到旋转后图像块 $\{z^{r_i} \mid r_i \in R\}$

　　　　计算得到目标旋转角度 r_e 与响应图

　　　　使用响应图计算得到目标位置 P_t

　　　　更新目标的当前旋转角度 r_c ← r_c+r_e

　　　　更新相关滤波器 CF

　　　　P_{old} ← P_t

　　　　return P_t

　　end if

end for

6.3.2.1　旋转自适应跟踪

HOG 特征具有较强的应对光照变化的鲁棒性、局部的平移不变性，因此非常适合用于目标跟踪。梯度直方图特征的一个缺点是它不具有旋转不变性，因此使用梯度直方图作为特征的跟踪器在跟踪旋转角度过大的物体时会丢失目标。有两种方法可以解决这个问题：①改进梯度直方图特征，使其具有旋转不变性；②使目标的特征图在跟踪过程中保持稳定，不发生大范围旋转。改进梯度直方图特征不仅困难，而且会使该特征的计算变得更加复杂，严重影响跟踪算法的效率。因此，RACF 算法使用了②的解决方法。

在第一帧，首先初始化目标当前旋转角度为 $r_c=0$，然后使用标准的相关滤波方

法来训练滤波器。与标准的相关滤波方法不同，在跟踪阶段，基于在两个连续帧之间目标的旋转角度不会过大的假设，定义一个旋转角度池 $R = [-2, -1, 0, 1, 2]$，其中的数字代表旋转的角度。在当前帧，首先在上一帧目标中心采样一定大小的图像块作为搜索区域，然后使用仿射变换将图像旋转 $\{r + r_c | r \in R\}$ 角度。为了表达方便，旋转后的 5 个（旋转角度池中角度的数量）图像块表示为 $\{z^{r_i} | r_i \in R\}$。经过仿射变换后的图像块尺寸与原图像尺寸 $[w, h]$ 不同，为了保证相关滤波器的计算，需要尺寸保持一致。因此对于尺寸大于 $[w, h]$ 的图像块，直接简单地移除掉边界多出的像素点，对于尺寸小于 $[w, h]$ 的图像块，在边界处补充值为 0 的像素点。在对处理后的图像块提取特征后，可以通过使用如下公式计算得到该帧与上一帧相比目标的旋转角度，并根据旋转角度得到最终的响应图

$$\arg\max_{r_i} f(z^{r_i}) \tag{6-5}$$

在计算得到当前帧与上一帧相比的目标旋转角度 r_i 与响应图 $f(z^{r_i})$ 后，可以使用响应图来计算得到该帧的目标位置。与标准的相关滤波不同，目标特征经过了旋转变换，所以现在响应图峰值与响应图中心的位移并不是目标的位移。需要使用如下公式来校正目标位移从而计算得到真正的目标位置

$$\begin{pmatrix} \Delta x' \\ \Delta y' \end{pmatrix} = \begin{pmatrix} \cos(-(r_i + r_c)) & -\sin(-(r_i + r_c)) \\ \sin(-(r_i + r_c)) & \cos(-(r_i + r_c)) \end{pmatrix} \begin{pmatrix} \Delta x \\ \Delta y \end{pmatrix} \tag{6-6}$$

其中，Δx 和 Δy 分别是响应图峰值与响应图中心的水平、竖直相对位移，可以通过响应图计算得到；$\Delta x'$ 和 $\Delta y'$ 为跟踪目标与搜索区域中心的真实位移。最后根据当前帧与上一帧相比目标的旋转角度，更新目标当前的旋转角度 $r_c = r_c + r_i$。

6.3.2.2　旋转物体矩形框尺寸变化估计

如图 6-7 所示，跟踪目标的矩形框为最小水平外包矩形，因此这种标注无法准确地反映出目标的大小。在首帧目标标注矩形框的大小已知的前提下，为了估计目标的真实大小（目标的长与宽），需要计算得到第一帧目标在图像中的角度。考虑到在卫星视频序列中，目标一般为车辆、飞机与舰船等，因此目标的运动方向一定与它们的角度相同，利用这一特性，可以使用计算得到的前几帧目标位置来估计目标的运动方向，假设目标前几帧的位移为 $[\Delta x, \Delta y]$，则目标的初始朝向角度可以使用 $\arctan\left(\dfrac{\Delta y}{\Delta x}\right)$ 计算，在得到目标的初始朝向角度后，目标的真实大小可以通过求解方程计算

$$\begin{pmatrix} w' \\ h' \end{pmatrix} = \begin{pmatrix} \cos\theta & \sin\theta \\ \sin\theta & \cos\theta \end{pmatrix} \begin{pmatrix} w \\ h \end{pmatrix} \tag{6-7}$$

其中，w和h为目标真实的宽与高，w'和h'为目标首帧标注矩形的宽与高，θ为目标的初始朝向角度。

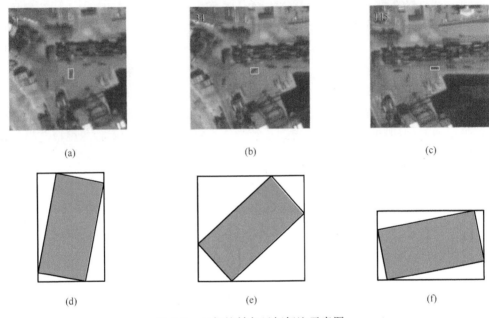

(a)   (b)   (c)

(d)   (e)   (f)

图 6-7 目标旋转与目标标注示意图

在跟踪过程中，需要根据目标的旋转角度来更新目标的矩形框大小。这是一个计算旋转矩形的最小水平外包矩形的问题。目标的初始朝向角为θ，计算得到的目标当前的旋转角度r_c和目标的真实大小$[w,h]$。为了方便表达，使用目标的中心坐标作为坐标系的原点，那么目标的右上角坐标为$[w/2,h/2]$，右下角坐标为$[w/2,-h/2]$。目标右上角的纵坐标与目标水平矩形框的纵坐标相同，目标右下角的横坐标与目标水平矩形框的横坐标相同。因此，当前帧目标水平矩形框的大小可以通过公式计算得到

$$\begin{pmatrix} w_{\text{new}} \\ h_{\text{new}} \end{pmatrix} = \begin{pmatrix} \cos(\theta + r_c) & \sin(\theta + r_c) \\ \sin(\theta + r_c) & \cos(\theta + r_c) \end{pmatrix} \begin{pmatrix} w \\ h \end{pmatrix} \tag{6-8}$$

其中，w_{new}和h_{new}分别为当前帧估计得到的目标水平矩形框的宽与高。使用这种方法，可以更准确地得到目标水平矩形框的大小，从而提高跟踪算法的正确率。

6.3.3 实验与分析

6.3.3.1 实验数据与相关比较方法

实验数据来自长光卫星技术有限公司吉林一号视频卫星星座。使用 6 个视频序

列共计 2000 帧左右，来进行该方法的验证实验。数据的空间分辨率为 1m 左右，帧率为 10FPS。视频序列中，有 2 个视频拍摄了德国法兰克福机场与中国贵州机场，在上述 2 个视频中分别选择了一架飞机作为跟踪目标，目标尺寸大约为 50 像素×40 像素；其余的视频拍摄了德国法兰克福、泰国曼谷、希腊雅典与美国明尼苏达等地的地面交通情况，从上述视频中选择了 4 个车辆作为追踪目标，其中最小的目标的尺寸大约为 17 像素×8 像素。

本章选择使用 KCF[6]、DSST[23]、MDNet[24] 与本节提出的方法进行比较。其中，KCF 是提出方法的基础；DSST 为相关滤波方法的改进，可以自适应地估计目标矩形框的尺寸变化；MDNet 是经典的深度学习类追踪方法，该方法取得了著名的目标追踪竞赛 VOT 的 2015 年冠军。

6.3.3.2 方法参数设置

RACF 使用 Python 实现；KCF 的源代码来自 http://www.robots.ox.ac.uk/～joao/circulant/index.html；DSST 的源代码来自 http://www.cvl.isy.liu.se/research/objrec/visualtracking/scalvistrack/index.html；MDNet 的源代码来自 https://github.com/HyeonseobNam/py-MDNet。

所有的实验除了 MDNet，均在一台具有 3.4GHz Intel i7-6700k CPU 16G 内存的计算机上进行；MDNet 在一台具有 2.4GHz Intel Xeon E5 2620 v3 CPU 与 NVIDIA GeForce GTX Titan X（Pascal）GPU 128G 内存的服务器上运行；KCF、RACF、DSST 均使用梯度直方图（HOG）作为特征，其中 KCF 与 RACF 所使用的 HOG 的网格大小为 4 像素×4 像素，DSST 所使用的 HOG 的网格大小为 1 像素×1 像素。

RACF 的正则化参数 λ 设置为 0.0001，滤波器参数与模板的学习率 η 设置为 0.012，标签函数是一个带宽为 $\sqrt{wh}/16$ 的二维高斯分布函数，其中，w 和 h 分别为目标的宽与高，搜索区域的大小为目标的 2.5 倍；MDNet 的参数设置与文献[24]保持一致。

6.3.3.3 实验结果分析

RACF 跟踪结果如表 6-5、表 6-6 和图 6-8 所示。

表 6-5 RACF 总体跟踪结果

	RACF	KCF	DSST	MDNet
曲线下面积/%	70.71	56.41	68.26	52.24
总体成功率/%	92.96	65.99	78.99	63.48
总体准确率/%	99.84	69.88	77.34	64.60

表 6-6　RACF 旋转目标跟踪结果

	RACF	KCF	DSST	MDNet
曲线下面积/%	65.97	39.23	60.29	57.05
总体成功率/%	92.90	41.62	64.82	71.73
总体准确率/%	99.81	48.15	61.14	73.66

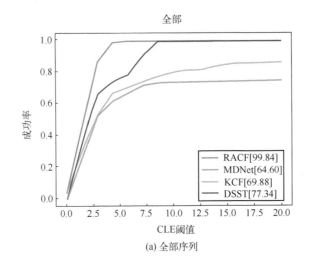

(a) 全部序列

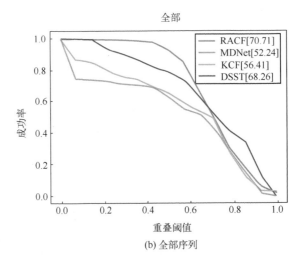

(b) 全部序列

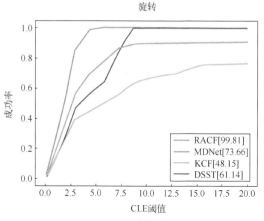

(c) 旋转目标

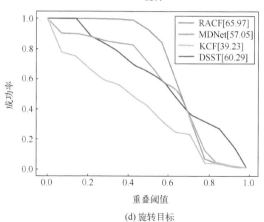

(d) 旋转目标

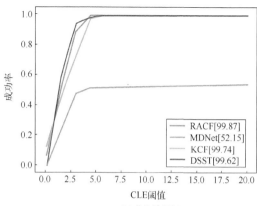

(e) 非旋转目标

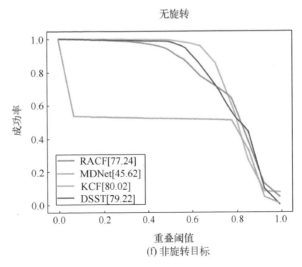

图 6-8　RACF 跟踪结果图

当跟踪旋转目标时，与 KCF 相比，RACF 将曲线下面积提高了 26.74%，总体成功率提高了 51.28%，总体准确率提高了 51.66%。该结果表明 RACF 对于旋转目标的跟踪是非常有效的；DSST 与 MDNet 也有较好的表现，虽然 DSST 的曲线下面积比 MDNet 高了 3.24%，但是 MDNet 的总体准确度更高，这表明与相关滤波方法相比，深度学习类方法可以更好地定位目标，深度特征比起人工设计的 HOG 特征对于目标旋转具有更高的鲁棒性。

当跟踪非旋转目标时，与 KCF 和 DSST 相比，RACF 的曲线下面积稍低但是总体准确率较高。这是因为，背景抖动导致 RACF 错误地估计了目标的水平外包矩形框。在卫星视频中，目标一般较小，微小的估计错误将导致曲线下面积的快速下降，但是错误估计并没有影响对于目标的定位。这证明旋转自适应跟踪方法在跟踪非大范围旋转目标时，依然可以提高方法对目标的定位精度。

为了说明在跟踪过程中特征图的变化，RACF 对跟踪过程进行了可视化，如图 6-9(a)所示，RACF 可以正确地定位目标与估计目标矩形框的变化；MDNet 可以正确地定位目标，但是计算得到的目标矩形框要远大于真实值。在视频序列的后半段，随着目标旋转角度的增大，DSST 无法正确地定位目标，最后丢失目标；KCF 更早地丢失了目标。如图 6-9(b) 和 (c)所示，当目标旋转引起的目标矩形框变化较大时，其他方法无法适应这种变化，准确率大幅下降；当两个目标距离较近时，如图 6-9(b)所示，KCF 与 MDNet 发生了目标漂移，跟踪到了错误的目标。

如图 6-10(a) 和 (b)所示，在跟踪未发生旋转的目标时，RACF 的表现与 KCF 和 DSST 基本一致。在图 6-10(b) 中，由于目标经过桥梁被部分遮挡，此时 MDNet 丢失了目标，这表明 MDNet 所使用的浅层的深度特征对于颜色的变化与 HOG 相比更加敏感；RACF 的缺点是当背景抖动时，会错误地估计目标的初始朝向角度，从而导致后续对于目标矩形框的大小估计错误。如图 6-10(c) 所示，在曼谷视频序列中，背景抖动十分严重，在视频的第 253 帧，RACF 错误地估计了目标矩形框的大小，导致了曲线下面积的下降。

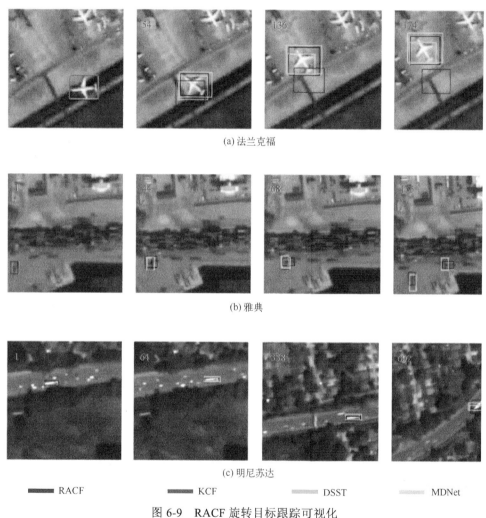

(a) 法兰克福

(b) 雅典

(c) 明尼苏达

▬▬ RACF　　　　　▬▬ KCF　　　　　▬▬ DSST　　　　　▬▬ MDNet

图 6-9　RACF 旋转目标跟踪可视化

为了说明在跟踪过程中特征图的变化，本节对跟踪过程进行了可视化，如图 6-11 所示。可以看出，虽然在原图中目标发生了大范围旋转，但是 RACF 可以估计目标旋转的角度并将搜索区域校正到统一的角度，使特征保持了稳定。

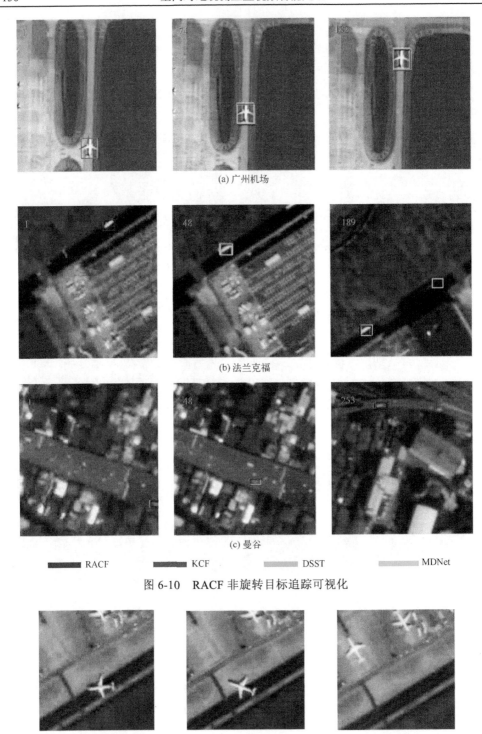

(a) 广州机场

(b) 法兰克福

(c) 曼谷

RACF   KCF   DSST   MDNet

图 6-10 RACF 非旋转目标追踪可视化

(a)   (b)   (c)

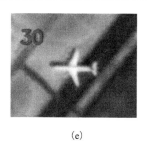
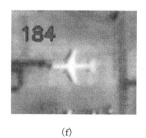

　　　　　　(d)　　　　　　　　　　　　(e)　　　　　　　　　　　　(f)

图 6-11　RACF 追踪过程可视化((a)～(c)为从视频序列中截取的原图片,(d)～(f)为经过方法旋
转校正后的搜索区域图片)

6.4　基于掩膜传播和运动估计的卫星视频多目标跟踪

6.4.1　问题分析

　　在多目标跟踪方面,大多数在线方法可以分为两类框架:基于检测的跟踪(TBD)方法和联合检测的跟踪(JDT)方法。TBD 框架将多目标跟踪任务建模为一个两步过程:先通过检测器获得感兴趣目标的空间位置,然后对检测结果在时序上进行关联。JDT 框架同时进行检测与跟踪,利用关联特征进行帧间关联。尽管缺乏系统性的研究体系,许多研究者仍致力于研究卫星视频检测和跟踪的技术,并提出了一些有效的方法[34,35]。一部分方法为卫星目标检测提供了解决方案,这些方法可以应用 TBD框架完成多目标跟踪;少数方法同时对卫星目标检测和跟踪进行研究,这些方法同样隶属于这两种跟踪框架。

　　然而,TBD 与 JDT 两种跟踪框架在卫星视频的直接应用会面临一些被忽视的问题。

　　1)大场景与特征缺失的目标

　　遥感图像通常具有巨大的场景,而其中典型运动目标如车辆、舰船却可以小至不足 10 像素,这使得场景中正负样本极度不平衡。另外,低空间分辨率会使得小目标缺失形状、纹理特征。这些都给检测器带来了巨大的困难。此外,TBD 和 JDT框架中所应用的大部分端到端检测结构都是在全局范围内进行目标的定位,这会使得检测器缺乏对于局部细节的把控而产生对于小目标的漏检。对感兴趣的目标进行局部特征增强有助于精确检测以及稳定跟踪。

　　2)检测与跟踪的割裂

　　在检测无法确保得到正确的逐帧结果时,TBD 框架会由于帧间漏检和误检而得到额外的错误小段轨迹。尽管 JDT 框架通过共享特征提取的方式联合进行检测与跟踪,但是跟踪部分更加关注类内目标的 ID 分配,对检测没有直接帮助[43]。此外,在面对密集分布场景下的车辆时,JDT 框架中流行的 ReID 跟踪难以通过表观特征区分相似目标个体而会在帧间分配错误的 ID，这也会降低联合模型训练过程的稳定性。将跟踪过程中的运动线索加入检测过程可以有效地解决割裂性的问题。

作者团队于 2024 年提出的一种基于掩膜传播和运动估计的卫星视频多目标跟踪方法（Mask Propagation and Motion Prediction Network，MP²Net）[44]，发表于 *IEEE Transactions on Geoscience and Remote Sensing*。

6.4.2　方法原理

MP²Net 方法基于 JDT 框架，通过空间局部增强和时间运动预测，在卫星视频中实现准确高效的多目标跟踪。MP²Net 包括掩膜传播特征金字塔（Mask-Propagation Feature Pyramid Network，MPFPN）模块、隐式运动预测策略（Implicit Motion Prediction Strategy，IMP）和显式运动预测策略（Explicit Motion Prediction Strategy，EMP），模型结构如图 6-12 所示。MPFPN 选择感兴趣的局部区域并使用模板匹配来增强潜在目标的特征。前一帧的局部区域用于下一帧相同区域的模板，通过这种逐帧匹配机制有效地增强了局部特征的细化。IMP 在特征编码器和解码器阶段应用卷积门循环单元来捕获隐式运动线索。EMP 使用预测的帧间位移作为显式运动线索来抑制错误检测并补偿丢失的检测。

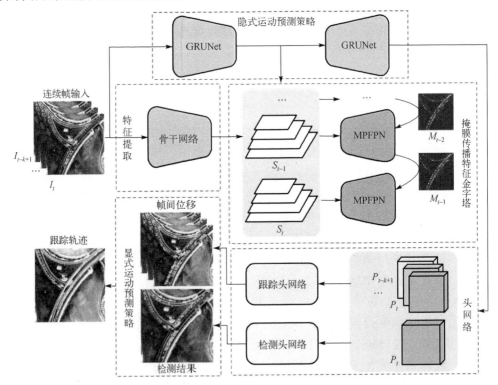

图 6-12　MP²Net 方法总体网络结构

设 $I = \{I_t \in \mathbf{R}^{H \times W \times 3}, t = 1, 2, \cdots, n\}$ 表示一个包含 n 帧的视频序列,网络以连续的 k 帧作为输入。首先,输入的 k 帧被输入一个主干网络和一个设计的门控循环单元网络(GRUNet),以提取具有静态和运动信息的特征集 $\{S_{t-k+1}, S_{t-k+2}, \cdots, S_t\}$。然后,每个特征集 S 被 k 个多阶段特征融合预测网络(MPFPN)单独处理,以产生恢复的特征集。前景掩码 M 是逐帧生成的,前面的掩码为当前帧的特征恢复提供指导。接下来,另一个 GRUNet 被用来解码具有增强运动信息的特征集,产生 $\{P_{t-k+1}, P_{t-k+2}, \cdots, P_t\}$,其中,每个 $P \in \mathbf{R}^{H \times W \times C}$,$C = 32$。编码器-解码器 GRUNet 结构作为 IMP 策略,结合跳跃连接将编码的运动特征与解码的特征相连。最后,P_t 被传递到检测头,通过中心点进行目标定位,而特征集 $\{P_{t-k+1}, P_{t-k+2}, \cdots, P_t\}$ 被输入跟踪头,以计算每个目标的帧间位移。检测头和跟踪头都由两个卷积层组成,中间有一个修正线性单元(ReLU)层。EMP 策略使用帧间位移来补偿检测结果,并生成最终轨迹。

6.4.2.1 掩膜传播特征金字塔

图 6-13 展示了 MPFPN 的结构。令 $I = I_t \in \mathbf{R}^{H \times W \times 3}, t = 1, 2, \cdots, n$ 代表一个 n 帧的视频序列,网络将连续的 k 帧作为输入。首先,将输入的 k 帧输入到主干网络和卷积 GRU 网络以提取包含静态和运动信息的特征集合 $\text{Fs}_{t-k+1}, \text{Fs}_{t-k+2}, \cdots, \text{Fs}_t$。每个特征集 Fs 包含多层级特征图 $F_i \in \mathbf{R}^{H_i \times W_i \times C_i}, i = 0, 1, 2, 3$,其中 $H_i = H / 2^i$,$W_i = W / 2^i$,$C_i = C \times 2^i$,$C = 32$。然后,将 k 个 MPFPN 模块分别应用于每个特征集,并获得恢复的特征图 $\text{Ps}_t = P_j \in \mathbf{R}^{H \times W \times C}, j = t - k + 1, \cdots, t$。接下来,在 Ps_t 上使用另一个卷积 GRU 网络来解码运动信息增强的特征图 $\text{Pm}_t = P_j \in \mathbf{R}^{H \times W \times C}, j = t - k + 1, \cdots, t$。最后,将 Pm_t 分别传递给检测头和跟踪头,通过中心点定位目标,并生成每个目标的当前速度。

对于在第 t 帧捕获的特征集 Fs_t,应用特征金字塔网络结构对高级特征进行上采样,并使用跳跃连接将原始特征与上采样特征融合。跳跃连接包括一个转置卷积层用来恢复空间分辨率和一个可变形卷积层以减轻原始特征和上采样特征之间的错位。将一个由一层卷积构成的掩膜头应用在融合特征 P_0 上以获得一个区分前景与背景的二值掩膜图。掩膜图、1 级和 2 级特征 P_1 和 P_2 形成第 t 帧的模板集 Ts_t。

利用特征集 Fs 和模板集 Ts,设计了一个用于帧间传播的局部增强模块(Local Enhancement Module,LEM),其中,Ts_{t-1} 作为 Fs_t 的模板。如图 6-13 所示,LEM 将一对搜索和模板特征图以及一个掩码图作为输入。首先,使用尺寸为 W_s 的不重叠滑动窗口将输入分成切片,并使用掩膜筛选出含有感兴趣目标的切片。具体来说,那些区域内掩膜最大值大于预设阈值的切片被保留,而剩余的切片则被视为背景而丢弃。由于卫星视频中目标在相邻帧仅会移动少数的像素,应用在搜索和模板特征图上的窗口是完全相同的。接下来,将模板和掩膜逐元素相乘。精细化的搜索与模

板切片分别记作 $S,T \in \mathbf{R}^{nW \times C \times W_s \times W_s}$，其中，$nW$ 代表切片数，C 代表特征通道数。然后使用互注意力来进行模板匹配[45,46]

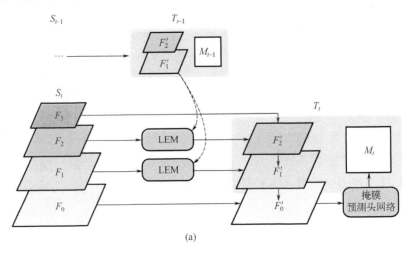

(a)

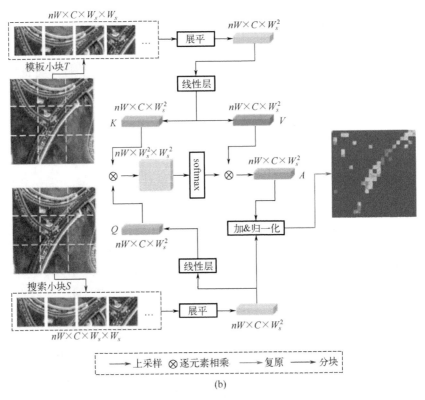

(b)

图 6-13　MPFPN 结构

$$\text{Attention}(Q,K,V) = \text{softmax}\left(\frac{QK^T}{\sqrt{d_k}}\right)V \tag{6-9}$$

其中，查询特征 $Q \in \mathbf{R}^{nW \times C \times W_r^2}$ 是由 S 计算得到，键和值特征 $K,V \in \mathbf{R}^{nW \times C \times W_r^2}$ 是从 T 导出的，d_k 是键特征维度。最后，将得到的互注意力图 A 反转，以保持与 Fs 相同的形状 LEM 应用于 C_1 和 C_2，以平衡高级特征带来的小对象丢失和低级特征引入匹配过程的噪声。

6.4.2.2　隐式运动预测策略

卫星视频中的运动模糊和伪影会使静态特征提取结构产生虚警，因此引入卷积门控循环单元(ConvGRU)[47]并设计 GRUNet 来提取运动特征。

如图 6-14 所示，给定连续的 k 帧序列输入 $X = x_1, x_2, \cdots, x_k$，GRUNet 使用层次结构提取多尺度特征，并输出多层的时间序列特征。在每一层中，ConvGRU 用于在相应层的帧之间传递运动信息。最大池化对不同层特征的空间分辨率进行下采样，从而形成层级结构。

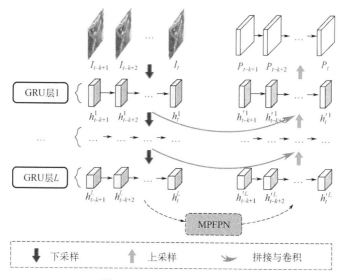

图 6-14　GRUNet 网络结构

MP²Net 在特征提取和输出阶段都使用了 GRUNet，这可以被看成是运动特征的编码与解码。在编码阶段，提取的层级时序特征与主干网络提取的静态特征逐元素相加，以融合得到对于目标的运动和空间位置鲁棒的特征表示。在解码阶段，简单地使用一层 GRUNet 来解译并增强融合特征中的帧间关联，并通过跟踪头对帧间相同目标的位移进行预测。

6.4.2.3　显式运动预测策略

显式运动预测策略的伪代码如表 6-7 所示。

表 6-7　显式运动预测策略的伪代码

输入：连续 k 帧的检测结果 $D=\{\{(c,s)_j^i\}_{j=1}^M\}_{i=t-k+1}^t$，其中，$c$ 为中心，$s=(w,h)$ 为尺寸；帧间预测偏移

$P=\{\{(c,d)_i^i\}_{i=1}^N\}_{i=t-k+1}^{t-1}$，其中，$c$ 为中心，d 为抵消量；$t-k+1$ 帧的跟踪结果 $T^{t-k+1}=(c,s,\text{id})^{t-k+1}$

输出：更新的检测结果 $\hat{D}=\{(\hat{c},\hat{s})^i\}_{i=t-k+2}^t$；跟踪结果 $T^{t-k+2}=(c,s,\text{id})^{t-k+2}$

初始化：$T^{t-k+2}\leftarrow\varnothing$

for　$i\leftarrow t-k+1$ 帧 to $t-1$ do

$\quad U_{jl}^i=\left\|c_j^i+d_j^i,c_l^{i+1}\right\|_2$ //计算 D^i、P^i 和 D^{i+1} 的损失矩阵

$\quad l\leftarrow\text{argmin}\,U_{jl}^i$

$\quad \text{thr}\leftarrow\min\left(\sqrt{w_j^i h_j^i},\sqrt{w_l^{i+1}h_l^{i+1}}\right)$　// 计算距离阈值

$\quad$if　$i=t-k+1$　then

$\qquad H_l^{i+1}=0$　// 命中次数初始化

$\quad$end if

$\quad$if　$u_{jl}^i<\text{thr}$　then

$\qquad H_l^{i+1}=1$ // j 和 l 成功匹配

$\quad$end if

end for

for 索引 l do

$\quad$if　$\sum_{i=t-k+1}^{t-1}H_l^{i+1}\leqslant 1$　then

$\qquad$// 删除 FP 检测结果

$\qquad \hat{D}^{i+1}\leftarrow D^{i+1}\setminus(c_l^{i+1},s_l^{i+1})$

$\quad$else

$\qquad$// 添加 FN 检测结果

$\qquad$if　$H_l^{i+1}=0$ then

$\qquad\quad \hat{D}^{i+1}\leftarrow\hat{D}^{i+1}\bigcup(c_j^i+d_j^i,s_j^i)$

$\qquad\quad H_l^{i+1}=1$

$\qquad$end if

$\qquad$// 更新跟踪器

$\qquad$if　$H_l^{t-k+2}=1$　then

$\qquad\quad T^{t-k+2}\leftarrow T^{t-k+2}\bigcup(c_l^{t-k+2},s_l^{t-k+2},\text{id}_j^{t-k+2})$

$\quad$else

$T^{t-k+2} \leftarrow T^{t-k+2} \bigcup (c_l^{t-k+2}, s_l^{t-k+2}, \text{Newid})$　// 创造一个新的跟踪器

   end if

  end if

 end for

现有的跟踪框架在得到检测结果后，会直接将结果应用到跟踪模型中，而不考虑检测错误。为了进一步补偿漏检并消除误报，最终完成跟踪，MP²Net 设计了一种显式运动预测算法。EMP 的输入是检测头得到的连续 k 帧检测结果 $D = \{\{(c,s)_j^i\}_{j=1}^M\}_{i=t-k+1}^t$、跟踪头得到的帧间位移 $P = \{\{(c,d)_l^i\}_{l=1}^N\}_{i=t-k+1}^{t-1}$ 和前序得到的轨迹 $T^{t-k+1} = (c,s,\text{id})^{t-k+1}$。EMP 的输出是更新后的检测结果 $\hat{D}$ 和轨迹 T^{t-k+2}。

首先，利用相邻帧检测结果 D^i、D^{i+1} 与帧间位移 P^i 计算相邻帧目标的代价矩阵 U^i

$$U_{jl}^i = \left\| c_j^i + d_j^i, c_l^{i+1} \right\|_2 \tag{6-10}$$

其中，j 对应第 i 帧的目标，而 l 对应第 $i+1$ 帧的目标。然后使用贪心算法得到与每个目标 j 匹配的目标 l，最小化代价矩阵，并设置距离阈值 $\text{thr} = \min(\sqrt{w_j^i h_j^i}, \sqrt{w_l^{i+1} h_l^{i+1}})$ 过滤掉距离大于阈值的匹配对。

接下来，使用 H_l 来统计后续帧中第 $t-k+2$ 帧目标的命中次数。对于每个目标 l，如果其总命中次数小于等于1，则认为该目标为虚警，将其移除；如果总命中次数大于 1，但在某一帧中没有成功匹配，则认为目标在这一帧中被遗漏，并使用匹配检测结果和前一帧的位移预测来补充当前帧的检测结果。显示运动预测可以获得更鲁棒的检测结果，然后使用更新后的检测结果对 $t-k+2$ 帧的跟踪结果进行更新，将成功匹配的检测结果并入对应的轨迹。对于未匹配的检测结果则创建一个新的轨迹，并赋以新的跟踪序号。

6.4.3　实验与分析

6.4.3.1　评估数据集

SatVideoDT[48]由吉林一号卫星平台捕获的 114 个卫星视频共 36079 帧组成。在 114 个视频中，选择 82 个视频作为训练集，11 个视频和 21 个视频用于验证集和测试集。训练集和验证集都提供了边界框标注和实例 ID，而测试集不公开。数据集中的大部分数据，尤其是验证集，都集中在移动车辆目标上。MP²Net 在这个数据集上训练模型，在验证集上测试，并分析在密集分布的车辆目标场景下的性能。

MTB-MOT 多目标跟踪数据集作为 SAT-MTB 数据集的子集，拥有来自

Jilin-1、Skybox 和 Carbonite 2 卫星平台的 224 个视频。在这些视频中，62 个针对飞机目标，70 个针对船舶目标，92 个针对车辆目标。训练集和测试集以 6∶4 的比例拆分。

本节在数据集 SatVideoDT、MTB-MOT 上对 MP²Net 方法进行了消融实验以验证有效性，并与先进方法进行了对比实验。

6.4.3.2　消融实验

本小节进行了消融实验来研究所介绍的模块的有效性，包括掩码传播模块（MPFPN）、IMP 和 EMP。为了分析每个组件的贡献，在 SatVideoDT 数据集上展示了包含不同组件的模型的跟踪结果，如表 6-8 所示。采用 ResNet-34-FPN 骨干网络作为基线模型，并分别添加组件进行比较。在表 6-9 中，进一步分析了超参数，包括连续帧数 k 和滑动窗口大小 W_s。此外，为了更直观地理解设计的模块的具体效果，在图 6-15 中可视化了每个组件的特征图。

表 6-8　SatVideoDT 数据集上的消融实验

基线模型	MP-FPN	IMP	EMP	MOTA/%	IDF1/%	IDP/%	IDR/%	IDs	FP	FN	MT	ML
√				36.8	57.2	76.8	45.6	499	31375	145531	439	423
√	√			39.2	57.7	78.3	45.7	505	26526	143519	447	395
√		√		56.7	69.8	91.5	56.4	401	6647	114426	634	278
√	√	√		63.2	73.4	90.7	61.6	451	6438	96409	723	195
√	√	√	√	64.4	73.6	89.1	62.7	501	8129	91369	750	191

表 6-9　在 SatVideoDT 数据集上，对不同输入连续帧数 k 和不同滑动窗口大小 W_s 的消融实验

	MOTA/%	IDF1/%	IDs	FP	FN
$k=2$	47.4	62.4	485	10323	136806
$k=3$	53.7	66.8	468	8872	120529
$k=4$	55.1	68.3	406	6075	119621
$k=5$	56.7	69.8	401	6647	114426
$k=6$	57.1	69.9	463	8441	111432
$W_s=2$	33.9	57.9	516	54498	130624
$W_s=4$	37.8	56.9	503	29701	144433
$W_s=8$	39.2	57.7	505	26526	143519
$W_s=16$	36.9	54.6	435	22926	153757

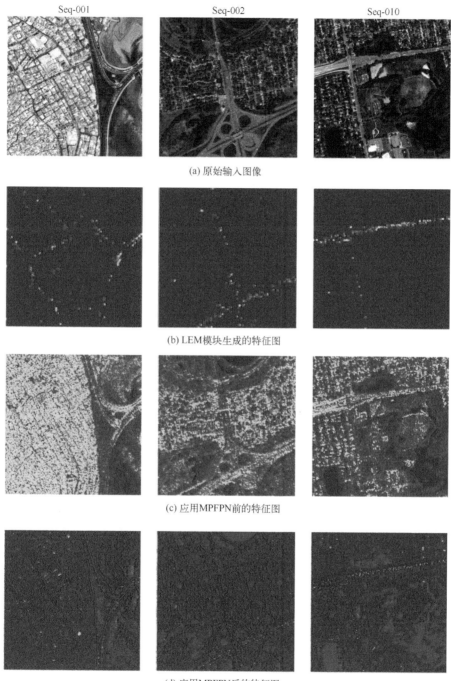

Seq-001　　　　　　Seq-002　　　　　　Seq-010

(a) 原始输入图像

(b) LEM模块生成的特征图

(c) 应用MPFPN前的特征图

(d) 应用MPFPN后的特征图

(e) 应用IMP后的特征图

图 6-15　对所提出模块的特征图进行可视化

掩码传播特征金字塔网络：MPFPN 旨在通过帧间传播增强局部特征。该过程应用于上一帧中获得的局部兴趣区域，因此更高质量的先前掩码可以对应更好的检测和跟踪结果。图 6-15(b) 显示了由 LEM 模块增强的局部特征。在帧间匹配传播后，上一帧预测的掩码区域内微小车辆对象的特征得到了显著增强。与基线模型相比，MPFPN 将 MOTA 提高了 2.4%(从 36.8% 提高到 39.2%)，IDF1 提高了 0.5%(从 57.2% 提高到 57.7%)。然而，当 IMP 应用于模型时，MPFPN 可以将 MOTA 提高 6.5%(从 56.7% 提高到 63.2%)，IDF1 提高了 3.6%(从 69.8% 提高到 73.4%)。比较结果证实了 MPFPN 对小型车辆的检测和跟踪是有益的。MPFPN 显著减少了 FN(从 114426 减少到 96409)并略微减少了 FP(从 6647 减少到 6438)，表明检测性能有了显著提高。此外，MT 的增加(从 634 增加到 723)和 ML 的减少(从 278 减少到 195)表明更多的目标可以成功跟踪。进一步地，图 6-15(d) 显示了 MPFPN 的有效性。与图 6-15(c) 中的未处理特征相比，MPFPN 可以有效地增强局部前景特征表示并抑制背景噪声。

隐式运动预测策略：IMP 在特征层面隐式建模运动信息，并利用时间信息区分移动目标和静止背景，对关键的跟踪性能做出贡献。与基线模型相比，IMP 显著提高了 MOTA 19.9%(从 36.8% 提高到 56.7%)和 IDF1 12.6%(从 57.2% 提高到 69.8%)。比较结果意味着 IMP 能够在大多数卫星视频场景中有效地发现并跟踪移动的车辆目标。图 6-15(e) 展示了 IMP 的有效性。图 6-15(c) 和 (d) 相比，IMP 可以显著增强移动对象的中心特征，即使是在密集分布的场景中也是如此。这些例子表明 IMP 能够在大场景中有效地提供稳定的运动线索。

显式运动预测策略：EMP 通过帧间位移预测明确地补充和纠正检测。通过添加 EMP，本节提出的跟踪器的漏检数量(从 96409 减少到 91369)大幅下降，同时牺牲了一小部分的误检(从 6438 增加到 8129)。这一观察表明了准确率和召回率之间的权衡。MOTA 和 IDF1 分别提高了 1.2%(从 63.2% 提高到 64.4%)和 0.2%(从 73.4% 提高到 73.6%)。MT 的增加和 ML 的减少表明更多的目标可以成功跟踪。MT 进一步增加，而 ML 略有减少，表明 EMP 成功跟踪了更多的目标。这些结果验证了本节提出的 EMP 的有效性。

此外，本节评估了输入连续帧数(k)，对网络性能的影响。表 6-9 显示了不同 k 值的性能，结果表明随着输入帧数 k 从 2 增加到 6，MOTA 和 IDF1 的性能都有所提高。进一步表明，本节提出的结构有效地捕获了连续帧中的时间信息，尽管存在冗余信息。然而，需要注意的是，增加帧数也会导致训练时间变长，这意味着在准确性和时间效率之间存在权衡。在考虑了这两个因素之后，选择 $k=5$ 用于后续实验。

此外，本节对滑动窗口大小 W_s 进行了消融实验，如表 6-9 所示。基于 MOTA 和 IDF1 的表现，MPFPN 的性能呈现随着 W_s 增加而先提高后下降的趋势。当 W_s 设置为 8 时，达到了最佳性能。这一观察表明，滑动窗口如果太小可能会破坏目标的完整性，而窗口如果太大则会引入过大的背景范围，无法实现预期的局部增强效果。因此，选择 $W_s=8$ 用于后续实验。

6.4.3.3　对比实验

在本节中，将 MP²Net 与其他具有代表性在线跟踪器进行比较，包括 DeepSORT[49]、Tracktor++[50]、CKDNet-SMTNet[34]、CenterTrack[35]、FairMOT[37]、TGraM[38]、DSFNet[34]和 ByteTrack[51]。将具有低输出特征图分辨率(<步长 2)的跟踪器调整为步长 2 以适应小目标。对于 DSFNet，应用 SORT[49]作为跟踪器，这与其开源代码一致。对于卡尔曼滤波器，应用 DSFNet 作为检测器，这与 VISO[52]的设置相同。每个跟踪器的其他细节与相应的原始文献相同。

首先，在 SkySaT 数据集上进行实验，比较跟踪器在密集分布的车辆场景中的性能，结果如表 6-10 所示。每个指标下最好的两个结果分别用红色和绿色突出显示。本节提出的跟踪器无论是使用 ResNet-34-FPN 还是 DLA-34 骨干结构，几乎在所有指标上都显示出了卓越的结果。总体来说，卫星跟踪器的性能超过了通用跟踪器。然而，面对拥挤的车辆场景时，大多数跟踪器的性能并不令人满意。例如，Tracktor++[50]、FairMOT[37]和 TGraM[38]等方法的 MOTA 得分都低于 10%，表明它们无法有效跟踪拥挤的小车辆目标。DTTP[53]、D&T[33]和 CKDNet-SMTNet[54]是为了处理卫星视频中的车辆跟踪而设计的，但在处理大规模数据时也产生了次优结果。相比之下，DSFNet[34]和卡尔曼滤波器[55]的性能更好，但与本节所提方法仍有一定差距。与性能第二的跟踪器卡尔曼滤波器[55]相比，本节所提方法在 MOTA 上有了显著提高，从 61.6%提高到 64.4%和 66.7%，同时将 IDF1 从 73.3%提高到 73.6%和 75.9%。此外，除了 MOTA 指标外，召回率和准确率指标直观地展示了本节所提方法的优越性能。进一步地，MT 的增加(从 714 增加到 750、797)和 ML 的减少(从 198 减少到 191、159)，以及 IDF1 指标，证明了本节所提方法具有成功跟踪更多车辆目标的能力。这些优越的结果突出了 MP²Net 具有准确的检测和强大的跟踪性能，这得益于所设计的 JDT 结构。

此外，在小规模的 SatVideoDT 卫星视频数据集上进行了车辆目标跟踪的补充实验，结果呈现在表 6-11 中。与 CKDNet-SMTNet、DSFNet 和卡尔曼等方法的比较分析显示，本节所提的跟踪器展现出相对较低的 MOTA 和 IDF1 得分。这表明本节所提的方法需要大量数据训练才能达到稳定可靠的结果。值得注意的是，SkySat 数据集和 SatVideoDT 数据集来自不同的卫星平台。此外，将在 SatVideoDT 上训练的模型参数直接应用于 SkySat 数据集的测试，得到了本节所提跟踪器的结果。值得注意的是，获得了 75.6% 的 MOTA 最佳得分和 83.2% 的 IDF1 得分，这些发现突出了 MP^{2}Net 在大规模数据上训练的模型对不同数据源具有强大的迁移性。

表 6-10　在 SkySat 数据集上的定量结果。最好的两个结果分别用红色和绿色字体突出显示

方法	MOTA /%	IDF1/%	IDP/%	IDR/%	召回率 /%	准确率 /%	IDs	FP	FN	MT	ML
FairMOT	1.7	22.6	45.4	15.1	19.1	57.5	9216	39572	227142	126	931
Tracktor++	5.1	35.2	48.5	27.6	31.3	54.9	1210	72196	192883	186	637
DeepSORT	21.3	37.8	66.8	26.4	30.9	78.2	2633	24177	194124	200	714
ByteTrack	23.1	43.6	69.6	31.7	34.4	75.5	486	31292	184126	248	679
CenterTrack	39.0	45.8	55.0	39.2	55.9	78.5	4495	43073	123764	597	301
DTTP	21.8	36.0	73.9	23.8	27.2	84.6	1235	13887	204404	139	749
D&T	25.9	56.3	63.9	50.2	52.3	66.6	474	73697	133831	502	378
CKDNet-SMTNet	29.8	50.4	68.1	40.0	44.5	75.7	1112	40116	155884	165	429
DSFNet	59.5	72.0	87.7	61.1	64.7	92.8	547	14035	99212	710	193
Kalman	61.6	73.3	88.5	62.6	66.2	93.8	496	12364	94983	714	198
TGraM	1.9	24.1	43.7	16.6	22.0	57.8	11184	45005	219094	107	877
MP^{2}Net (Res-34-FPN)	64.4	73.6	89.1	62.7	67.5	95.9	501	8129	91369	750	191
MP^{2}Net (DLA-34)	66.7	75.9	88.5	66.4	71.0	94.6	515	11464	81506	797	159

表 6-11　SatVideoDT 数据集实验结果

方法	MOTA /%	IDF1/%	IDP/%	IDR/%	召回率 /%	准确率 /%	IDs	FP	FN	MT	ML
DeepSORT	14.0	29.7	62.4	19.5	22.7	72.8	81	3335	30418	14	81
ByteTrack	36.9	53.0	73.0	41.7	47.1	82.5	75	3931	20821	32	39
CenterTrack	60.3	75.1	70.8	80.0	88.5	76.0	112	10993	4521	91	11
DTTP	48.1	68.2	80.5	59.1	54.6	89.9	153	2410	17865	74	22
D&T	24.7	40.3	51.7	33.0	27.8	90.9	101	1100	28438	25	91
CKDNet-SMTNet	71.7	82.9	82.1	83.8	85.6	86.2	83	5375	5680	109	7
DSFNet	72.2	81.0	82.8	79.3	83.3	88.3	55	4331	6556	105	4
Kalman	71.5	79.1	78.5	79.7	86.8	85.2	87	5950	5181	110	3

续表

方法	MOTA /%	IDF1/%	IDP/%	IDR/%	召回率 /%	准确率 /%	IDs	FP	FN	MT	ML
MP²Net(Res-34-FPN)	62.0	73.7	80.9	67.7	72.9	87.2	96	4207	10656	81	18
MP²Net(DLA-34)	69.0	79.3	85.8	73.7	77.5	90.3	64	3289	8841	88	13
MP²Net*(Res-34-FPN)	75.6	83.2	81.5	85.0	90.1	86.3	60	5613	3915	115	4
MP²Net*(DLA-34)	75.4	81.2	82.0	80.4	86.8	88.6	48	4408	5209	105	6

为了直观评估和比较，可视化了检测和跟踪结果，如图 6-16 和图 6-17 所示。图 6-16 展示了两个代表性序列的检测结果，其中左侧三列对应 Seq-002，右侧三列对应 Seq-010。本节提取了第 100、200 和 300 帧的结果，并以彩色边框呈现检测性能，其中绿色代表真正例，黄色代表漏检，红色代表误检。像 TGraM 这样的跟踪器对小车辆目标不敏感，无法成功区分前景和背景，导致许多漏检和误检。CKDNet-SMTNet 在拥挤区域表现不佳。尽管像 DSFNet 这样的跟踪器比上述方法取得了更好的检测结果，但在序列的后段，如第一个序列的第 300 帧所示，它产生了更多的不准确边框。这些误检表明 DSFNet 在密集车辆检测中不稳定。与其他方法相比，本节提出方法在拥挤场景中显著减少了误检和漏检。此外，本节提出方法能够持续提供高质量和稳健的视频检测结果。

Seq-002　　　　　　　　　　　　　　　　Seq-010

(a) TGraM

(b) CKDNet-SMTNet

(c) DSFNet

(d) MP²Net-DLA34

图 6-16　各方法的检测结果

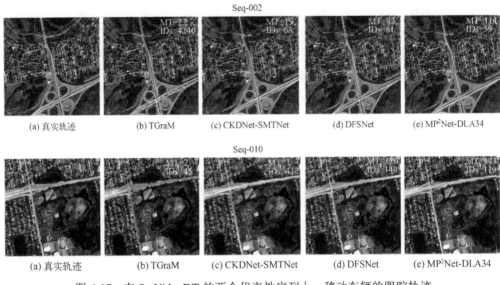

图 6-17　在 SatVideoDT 的两个代表性序列上，移动车辆的跟踪轨迹

图 6-17 展示了跟踪器在两个代表性序列 Seq-002 和 Seq-010 中所有移动车辆的预测轨迹结果。所有轨迹都绘制在序列的最后一帧上，不同的颜色代表不同的轨迹。断裂和不连续的轨迹质量较低，而完整和连续的轨迹质量较高。密集分布的车辆目标对跟踪器来说是一个挑战。与真实轨迹标注相比，TGraM 提供了最杂乱的小轨迹。像 CKDNet-SMTNet 这样的跟踪器相对稳定，但在细节上存在断裂的轨迹。DSFNet在长期轨迹预测中有更多的切换。相比之下，本节提出的跟踪器展示了完整的轨迹。此外，图 6-17 还提供了每个跟踪器的 MT 轨迹和 ID。本节提出的跟踪器拥有最大的 MT 和最小的 ID，这意味着提出方法可以成功跟踪密集分布的相似目标，并且具有最佳的跟踪稳定性。

此外，本节还对 MTB-MOT 数据集进行了实验，以测试跟踪器在多个类别上的性能，结果如表 6-12 所示。在这三个类别中，飞机类别由于其突出的外观特征，最容易检测和跟踪，而车辆和舰船则相对较难。和展示的几个方法相比，本节提出的MP²Net 在飞机和车辆类别中实现了最佳性能。具体来说，在 MOTA 和 IDF1 两个指标中，MP^{2}Net 在飞机类别上比第二性能跟踪器分别高出 0.9% 和 2.5%，在车辆类别上比第二性能跟踪器分别高出 2.3% 和 1%。对于舰船，虽然 MP^{2}Net 提供的 MOTA 结果不如 CenterTrack，但 IDF1 结果领先 6%。在 MOTA 上表现不佳的原因可能是舰船类别的尺度差异较大，而本节提出的方法更多地关注小物体和局部特征，遗漏了一些大型舰船。总体而言，MP^{2}Net 对卫星视频中的典型运动物体具有较为全面和强大的跟踪性能。

表 6-12　MTB-MOT 数据集实验结果

方法	飞机		车辆		舰船	
	MOTA/%	IDF1/%	MOTA/%	IDF1/%	MOTA/%	IDF1/%
FairMOT	32.0	63.9	8.5	18.5	8.2	45.0
Tracktor++	17.6	57.8	−5.4	2.0	34.3	56.6
DeepSORT	35.6	55.3	29.0	43.9	13.5	45.5
ByteTrack	45.3	65.1	27.9	43.3	10.5	46.9
CenterTrack	54.9	71.1	24.6	30.5	54.2	61.9
CKDNet-SMTNet	54.3	65.9	27.1	45.3	36.9	49.8
DSFNet	67.5	79.4	48.1	63.9	37.2	57.7
TGraM	37.4	67.5	4.8	12.1	−13.9	35.6
MP^{2}Net (Res-34-FPN)	68.4	81.9	50.4	64.9	47.2	63.7
MP^{2}Net (DLA-34)	75.8	86.1	58.5	70.7	48.5	67.9

此外，在 AIR-MOT 数据集上进行了补充实验，以评估跟踪器在多尺度飞机和舰船类别上的性能，结果如表 6-13 所示。飞机类别由于最容易检测和跟踪，方法之间的差异较小。本节提出的跟踪器在飞机类别中取得了最高的 MOTA，达到了 87.4%。然而，对于舰船类别，本节提出的跟踪器与其他跟踪方法 (如 CenterTrack、FairMOT 和 TGraM) 相比表现较差。这种次优性能归因于 AIR-MOT 数据集的特性，它涉及对静止目标的连续跟踪。MP^{2}Net 针对移动目标进行了优化，在移动目标场景中展现出更好的稳定性。此外，与 SAT-MTB-MOT 数据集类似，舰船类别内相当大的尺度差异对本节提出的跟踪器构成了挑战。

表 6-13　AIR-MOT 数据集上的定量结果

方法	飞机					舰船				
	MOTA/%	IDF1/%	IDs	FP	FN	MOTA/%	IDF1/%	IDs	FP	FN
FairMOT	86.7	93.2	23	1297	1809	34.7	44.6	250	2632	13765
Tracktor++	70.9	73.6	182	1249	5425	11.8	30.7	453	1603	20423

续表

方法	飞机					舰船				
	MOTA /%	IDF1/%	IDs	FP	FN	MOTA /%	IDF1/%	IDs	FP	FN
Deep-SORT	78.0	87.3	28	2045	3106	34.9	48.9	80	1011	15494
ByteTrack	85.4	91.3	20	590	2825	41.3	47.1	22	809	14132
Center-Track	87.3	94.2	12	1319	1657	47.5	49.8	285	2630	10469
CKDNet-S MTNet	82.1	90.0	36	3570	605	15.0	37.4	172	6033	15448
DSFNet	85.6	90.8	26	265	3123	17.0	35.2	36	1867	19250
TGraM	86.3	92.4	28	1177	2018	25.9	41.9	61	2378	16452
MP²Net (Res-34-FPN)	87.4	92.7	32	1060	1867	15.3	34.4	28	1992	19554
MP²Net (DLA-34)	86.7	91.4	12	171	2955	19.9	35.2	54	944	19419

在图 6-18 中，选择了 SAT-MTB-MOT 中的五个典型场景，其中飞机、舰船和车辆共存，并可视化了本节提出的跟踪器的性能。本节提取了第 50、100、150、200 和 250 帧的结果，并分别使用绿色、红色和蓝色边框来表示车辆、飞机和舰船的结果。在三个飞机场景中，本节提出的跟踪器可以同时检测和跟踪移动的大型飞机和较小的车辆目标。特别地，飞机-53 展示了一个宽阔的场景，拥挤的车辆和飞机分布在很长的距离上。在两个舰船场景中也展示了类似的结果，本节提出的跟踪器可以同时检测和跟踪舰船和车辆。成功的跟踪得益于所提出的MPFPN，它能够有效增强局部兴趣目标，为模型提供全局和局部的洞察。此外，运动预测策略也可以增强场景中移动对象的特征表示，为跟踪器区分场景中的静止干扰对象提供了保障。

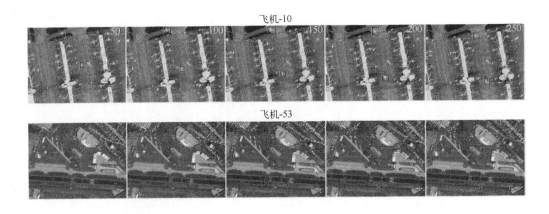

飞机-10

飞机-53

飞机-63

舰船-4

舰船-32

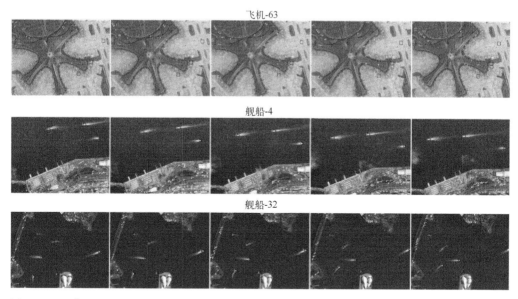

图 6-18　MP^{2}Net 在 SAT-MTB-MOT 数据集上的多类别跟踪性能（每一行代表一个独立的序列，绿色框表示跟踪的车辆目标，红色对应飞机，蓝色对应舰船）

参 考 文 献

[1]　Vojir T, Noskova J, Matas J. Robust scale-adaptive mean-shift for tracking. Pattern Recognition Letters, 2014, 49: 250-258.

[2]　Nummiaro K, Koller-Meier E, van Gool L. Object tracking with an adaptive color-based particle filter//Pattern Recognition: 24th DAGM Symposium, Zurich, 2002.

[3]　Kalman R E. A new approach to linear filtering and prediction theory. ASME Journal of Basic Engineering, Series D, 1961.

[4]　Possegger H, Mauthner T, Bischof H. In defense of color-based model-free tracking//Proceedings of the IEEE Conference on Computer Vision and Pattern Recognition, Boston, 2015.

[5]　Bolme D S, Beveridge J R, Draper B A, et al. Visual object tracking using adaptive correlation filters//2010 IEEE Computer Society Conference on Computer Vision and Pattern Recognition, San Francisco, 2010.

[6]　Henriques J F, Caseiro R, Martins P, et al. High-speed tracking with kernelized correlation filters. IEEE Transactions on Pattern Analysis and Machine Intelligence, 2014, 37(3): 583-596.

[7]　Danelljan M, Hager G, Shahbaz K F, et al. Learning spatially regularized correlation filters for visual tracking//Proceedings of the IEEE International Conference on Computer Vision, Santiago, 2015.

[8]　Bertinetto L, Valmadre J, Henriques J F, et al. Fully-convolutional siamese networks for object tracking//Computer Vision–ECCV 2016 Workshops, Amsterdam, 2016.

[9]　Li B, Wu W, Wang Q, et al. SiamrPN++: evolution of siamese visual tracking with very deep networks//Proceedings of the IEEE/CVF Conference on Computer Vision and Pattern Recognition, Long Beach, 2019.

[10]　Xu Y, Wang Z, Li Z, et al. SiamFC++: towards robust and accurate visual tracking with target estimation guidelines//Proceedings of the AAAI Conference on Artificial Intelligence, New York, 2020.

[11]　Danelljan M, Bhat G, Shahbaz K F, et al. ECO: efficient convolution operators for tracking//Proceedings of the IEEE Conference on Computer Vision and Pattern Recognition, Hawaii, 2017.

[12]　Danelljan M, Bhat G, Khan F S, et al. Atom: accurate tracking by overlap maximization//Proceedings of the IEEE/CVF Conference on Computer Vision and Pattern Recognition, Long Beach, 2019.

[13]　Bhat G, Danelljan M, Gool L V, et al. Learning discriminative model prediction for tracking//Proceedings of the IEEE/CVF International Conference on Computer Vision, Seoul, 2019.

[14]　Nam H, Han B. Learning multi-domain convolutional neural networks for visual tracking//Proceedings of the IEEE Conference on Computer Vision and Pattern Recognition, Las Vegas, 2016.

[15]　Du B, Sun Y, Cai S, et al. Object tracking in satellite videos by fusing the kernel correlation filter and the three-frame-difference algorithm. IEEE Geoscience and Remote Sensing Letters, 2017, 15(2): 168-172.

[16]　Ahmadi S A, Mohammadzadeh A. A simple method for detecting and tracking vehicles and vessels from high resolution spaceborne videos//2017 Joint Urban Remote Sensing Event (JURSE), Dubai, 2017.

[17]　Shao J, Du B, Wu C, et al. Tracking objects from satellite videos: a velocity feature based correlation filter. IEEE Transactions on Geoscience and Remote Sensing, 2019, 57(10): 7860-7871.

[18]　Du B, Cai S, Wu C. Object tracking in satellite videos based on a multiframe optical flow tracker. IEEE Journal of Selected Topics in Applied Earth Observations and Remote Sensing, 2019, 12(8): 3043-3055.

[19]　Chen X, Sui H. Real-time tracking in satellite videos via joint discrimination and pose estimation. The International Archives of the Photogrammetry, Remote Sensing and Spatial Information Sciences, 2019, 42: 23-29.

[20] Guo Y, Yang D, Chen Z. Object tracking on satellite videos: a correlation filter-based tracking method with trajectory correction by Kalman filter. IEEE Journal of Selected Topics in Applied Earth Observations and Remote Sensing, 2019, 12(9): 3538-3551.

[21] Xuan S, Li S, Han M, et al. Object tracking in satellite videos by improved correlation filters with motion estimations. IEEE Transactions on Geoscience and Remote Sensing, 2019, 58(2): 1074-1086.

[22] Xuan S, Li S, Zhao Z, et al. Rotation adaptive correlation filter for moving object tracking in satellite videos. Neurocomputing, 2021, 438: 94-106.

[23] Chen Y, Tang Y, Han T, et al. RAMC: a rotation adaptive tracker with motion constraint for satellite video single-object tracking. Remote Sensing, 2022, 14(13): 3108.

[24] Pei W, Lu X. Moving object tracking in satellite videos by kernelized correlation filter based on color-name features and Kalman prediction. Wireless Communications and Mobile Computing, 2022, (1): 9735887.

[25] Liu Y, Liao Y, Lin C, et al. Object tracking in satellite videos based on improved correlation filters//The 13th International Conference on Communication Software and Networks (ICCSN), Chongqing, 2021.

[26] Wang Y, Wang T, Zhang G, et al. Small target tracking in satellite videos using background compensation. IEEE Transactions on Geoscience and Remote Sensing, 2020, 58(10): 7010-7021.

[27] Hu Z, Yang D, Zhang K, et al. Object tracking in satellite videos based on convolutional regression network with appearance and motion features. IEEE Journal of Selected Topics in Applied Earth Observations and Remote Sensing, 2020, 13: 783-793.

[28] Uzkent B, Rangnekar A, Hoffman M J. Tracking in aerial hyperspectral videos using deep kernelized correlation filters. IEEE Transactions on Geoscience and Remote Sensing, 2018, 57(1): 449-461.

[29] Shao J, Du B, Wu C, et al. PASiam: predicting attention inspired Siamese network, for space-borne satellite video tracking//2019 IEEE International Conference on Multimedia and Expo (ICME), Shanghai, 2019.

[30] Zhu K, Zhang X, Chen G, et al. Single object tracking in satellite videos: deep Siamese network incorporating an interframe difference centroid inertia motion model. Remote Sensing, 2021, 13(7): 1298.

[31] Shao J, Du B, Wu C, et al. Hrsiam: high-resolution siamese network, towards space-borne satellite video tracking. IEEE Transactions on Image Processing, 2021, 30: 3056-3068.

[32] Bi F, Sun J, Han J, et al. Remote sensing target tracking in satellite videos based on a variable-angle-adaptive Siamese network. IET Image Processing, 2021, 15(9): 1987-1997.

[33] Ao W, Fu Y, Hou X, et al. Needles in a haystack: tracking city-scale moving vehicles from

continuously moving satellite. IEEE Transactions on Image Processing, 2019, 29: 1944-1957.

[34] Xiao C, Yin Q, Ying X, et al. DSFNet: dynamic and static fusion network for moving object detection in satellite videos. IEEE Geoscience and Remote Sensing Letters, 2021, 19: 1-5.

[35] Zhou X, Koltun V, Krähenbühl P. Tracking objects as points//European Conference on Computer Vision, Glasgow, 2020.

[36] Wang Z, Zheng L, Liu Y, et al. Towards real-time multi-object tracking//European Conference on Computer Vision, Glasgow, 2020.

[37] Zhang Y, Wang C, Wang X, et al. Fairmot: on the fairness of detection and re-identification in multiple object tracking. International Journal of Computer Vision, 2021, 129: 3069-3087.

[38] He Q, Sun X, Yan Z, et al. Multi-object tracking in satellite videos with graph-based multitask modeling. IEEE Transactions on Geoscience and Remote Sensing, 2022, 60: 1-3.

[39] Grabner H, Leistner C, Bischof H. Semi-supervised on-line boosting for robust tracking//ECCV 2008, 5302: 234-247.

[40] Babenko B, Yang M H, Belongie S. Robust object tracking with online multiple instance learning. IEEE Transactions on Pattern Analysis and Machine Intelligence, 2011, 33(8): 1619-1632.

[41] Kalal Z, Mikolajczyk K, Matas J. Tracking-learning-detection. IEEE Transactions on Pattern Analysis and Machine Intelligence, 2012, 34(7): 1409-1422.

[42] Kalal Z, Mikolajczyk K, Matas J. Forward-backward error: automatic detection of tracking failures//International Conference on Pattern Recognition, Istanbul, 2010.

[43] Chen D, Zhang S, Ouyang W, et al. Person search via a mask-guided two-stream CNN model//Proceedings of the European Conference on Computer Vision (ECCV), Munich, 2018.

[44] Zhao M, Li S, Wang H, et al. MP^{2}Net: mask propagation and motion prediction network for multi-object tracking in satellite videos. IEEE Transactions on Geoscience and Remote Sensing, 2024.

[45] Zhang Z, Liu Y, Wang X, et al. Learn to match: automatic matching network design for visual tracking//Proceedings of the IEEE/CVF International Conference on Computer Vision, Montreal, 2021.

[46] Vaswani A, Shazeer N, Parmar N, et al. Attention is all you need//Advances in Neural Information Processing Systems, Long Beach, 2017.

[47] Ballas N, Yao L, Pal C, et al. Delving deeper into convolutional networks for learning video representations. arXiv Preprint, 2015.

[48] Guo Y, Yin Q, Hu Q, et al. The first challenge on moving object detection and tracking in satellite videos: methods and results//The 26th International Conference on Pattern Recognition (ICPR), Montreal, 2022.

[49] Wojke N, Bewley A, Paulus D. Simple online and realtime tracking with a deep association

metric//2017 IEEE International Conference on Image Processing (ICIP), Beijing, 2017.

[50] Bergmann P, Meinhardt T, Leal-Taixe L. Tracking without bells and whistles//Proceedings of the IEEE/CVF International Conference on Computer Vision, Seoul, 2019.

[51] Zhang Y, Sun P, Jiang Y, et al. Bytetrack: multi-object tracking by associating every detection box//European Conference on Computer Vision, Tel Aviv, 2022.

[52] Yin Q, Hu Q, Liu H, et al. Detecting and tracking small and dense moving objects in satellite videos: a benchmark. IEEE Transactions on Geoscience and Remote Sensing, 2021, 60: 1-8.

[53] Ahmadi S A, Ghorbanian A, Mohammadzadeh A. Moving vehicle detection, tracking and traffic parameter estimation from a satellite video: a perspective on a smarter city. International Journal of Remote Sensing, 2019, 22: 8379-8394.

[54] Feng J, Zeng D, Jia X, et al. Cross-frame keypoint-based and spatial motion information-guided networks for moving vehicle detection and tracking in satellite, videos. ISPRS Journal of Photogrammetry and Remote Sensing, 2021, 177: 116-130.

[55] Weng S K, Kuo C M, Tu S K. Video object tracking using adaptive Kalman filter. Journal of Visual Communication and Image Representation, 2006, 6: 1190-1208.

第7章 视频目标分割

7.1 背景介绍

7.1.1 任务简介

卫星视频目标分割(Satellite Video Object Segmentation，SVOS)旨在针对卫星视频序列实现感兴趣区域识别并精确区分出特定目标对象，将卫星视频帧中的像素点分为前景区域和背景区域两部分，并产生感兴趣目标的分割掩膜。根据首帧选取的目标数量不同，卫星视频目标分割任务还可以分为卫星视频单目标分割和卫星视频多目标分割，单帧分割结果示例如图 7-1(b)和(c)所示。

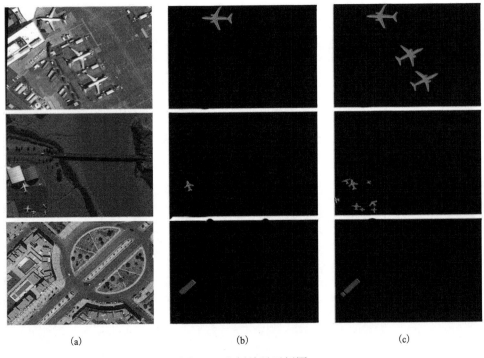

(a)   (b)   (c)

图 7-1 分割结果示例图

7.1.2　方法概述

7.1.2.1　视频目标分割方法

视频目标分割(Video Object Segmentation，VOS)方法可分为三类：全自动视频目标分割(Automatic Video Object Segmentation，AVOS)、半监督视频目标分割(Semi-supervised Video Object Segmentation，SVOS)和交互式视频目标分割(Interactive Video Object Segmentation，IVOS)[1]。

AVOS 的目的是分割出视频中显著性的目标区域。He 等人[2]针对视频目标分割中缺乏训练样本和准确率较低的问题提出了一种基于实例嵌入迁移的全自动视频目标分割方法，其通过迁移封装在实例嵌入网络中的知识来实现。端到端模型设计仍是该领域的主流，如 RNN 用于联合学习时空视觉模型[3,4]，双流方法以光流计算和大量可学习参数为代价，明确地使用了外观和运动线索。然而，这类方法只在非常有限的时间跨度内考虑局部内容，它们将来自几个连续帧的外观或运动信息堆叠起来作为输入，忽略远距离帧之间的关系。尽管网络结构中通常采用 RNN，但其内部的隐藏内存在建模长期依赖关系时产生了固有的限制[5]。除了利用递归模型和双流网络的端到端的全自动视频目标分割网络，目前领先的 AVOS 模型也利用了长时间跨度的全局上下文信息。Lu 等人[6]提出了一种基于 Siamese 架构的模型，该模型可以提取任意帧对的特征，并通过计算逐像素特征相关性来捕获跨帧上下文。Yang 等人[7]提出的方法利用了类似的想法，但只使用了第一帧作为参考。

SVOS 通常在预测的时候给定了第一帧的真值，用于指定特定的待分割目标，要求在整个视频中分割出该目标[3]。通常在网络中人为输入视频第一帧中的目标掩膜，在这种情况下，SVOS 方法也被称为逐像素跟踪方法，其他形式的人工输入包括边界框和粗糙标注，算法主要有基于在线学习(Online Learning)、传播(Mask Propagation)和匹配(Matching)[8-10]的方法。基于在线学习的主要方法有 OSVOS[11]、OnAVOS[12]等，OSVOS 由 Caelles 等人于 2017 年提出，以在线方式在每个给定的目标掩膜上分别训练分割模型，微调方法本质上是利用神经网络的迁移学习能力。该算法基于神经网络结构，通过直接在给定的第一帧掩膜上微调，并成功将 ImageNet 数据集学习到的特征迁移到视频目标分割任务中，在线更新策略[13,14]无法明显提高准确性，但牺牲了运行的可适当性。然后，在未标记的帧中挖掘更多的像素样本作为在线训练样本，以更好地适应随着时间的进一步变化。由于 OSVOS 没有单个目标的概念，在推理过程中进一步引入了实例分割模型(如 Mask R-CNN[15])。微调的方法虽然简单，但存在几个缺点：预训练是固定的，没有为后续的微调进行优化；在线微调的超参数通常是手工设定的，无法在测试用例之间泛化；常见的现有微调设置存在高测试运行时间。基于传播的方法使用前一帧掩膜来推断当前掩膜，即在预测当前帧的时候，加入了之前帧的信息，最常用也是最简单的方法是在网络中加入上一帧的掩膜预测结果。这种方法能够很好地适应连续的、复杂的变化，如目标的旋转等。但是当出现遮挡情况时会对算法有较大影响。基于匹配的方法构建一个嵌入空间来保存初始目标嵌入，并根据每个像素在嵌入空间中与目标物体的相似度对其进行标签分类，对初始目标外观进行显式建模，并且不需要测试时微调。2017年，受视觉跟踪技术进步的启发，Shin 等人[16]提出了一种 Siamese 网络，在第一帧和即将到来的帧之间进行像素级匹配，Oh 等人[17]提出了一种时空记忆 (Spatial Temporal Model, STM) 模型，将先前计算的分割信息显式存储在外部存储器中，记忆有助于学习目标随时间的演变，并允许在很长一段时间内全面使用过去的分割线索。基于匹配的方法对目标的形变、遮挡有较好的鲁棒性。但是当目标出现新的视觉表征时，如旋转到背面，就会出现无法匹配的问题。

仅基于在线学习、传播和匹配的方法都存在着各自的缺点，更多的研究者尝试将它们在算法中结合，例如，基于传播与匹配的方法 SiamMask[18]、RANet[19]等，以及基于在线学习和传播的方法 STCNN[3]等。

IVOS 方法大多数遵循一种相互作用-传播方案。初期是通过两个独立模块的简单组合来实现的：基于用户标注生成分割的交互式图像分割模型，以及用于将掩膜从用户注释的帧传播到其他帧的 SVOS 模型。Oh 等人[20]设计的交互式视频目标分割方法中也有两个模块分别用于交互和传播。Banica[21]开发了一种更有效的解决方案，关键思想是建立一个用于判别像素嵌入学习的通用编码器，在此基础上增加两个小网络分支，分别用于交互分割和掩膜传播。因此，该模型只提取一次所有帧的像素嵌入 (在第一轮中)。在接下来的几轮中，前馈计算只在两个浅分支内进行。此外，Chen 等人[22]提出了一种基于像素嵌入学习的模型，适用于半监督视频目标分割和交互式视频目标分割。交互式视频目标分割是一种从图像到图像的方法，它是一种检索问题，即根据距离最近的参考像素将标签传递到每个像素。该模型支持不同的输入，比如掩膜、划线、目标边界框，网络在提供即时反馈后进行分割。

7.1.2.2 卫星视频目标分割

受限于卫星视频目标分割数据集背景复杂、运动模糊、光照变化大、前景背景像素差异大的特点，当前卫星视频的目标分割算法的研究仍处于起步阶段。Zhong 等人[23]通过使用生成对抗网络进行未来帧预测，利用时间信息，通过预测特征学习模块以对抗的方式从未标记的卫星视频数据中捕获动态外观和运动线索，实现了卫星视频单目标的有效分割。Wang 等人[24]设计了一个注意引导的光学卫星视频烟雾分割网络模型，将烟雾成像过程的物理约束引入损失函数中，以提高模型在真实烟雾数据中的泛化能力。该模型可以有效地抑制地物背景的虚警，提取烟雾的多尺度特征。将计算机视觉领域中视频目标分割算法与卫星视频应用相结合，适应和发挥卫星视频的作用和应用价值，是当前卫星视频应用领域中的研究热点。

7.1.3　应用场景

　　卫星视频目标分割技术通过区分卫星视频中的不同目标，为空间对地观测领域提供了更为精确的数据分析手段。这项技术使得从复杂的卫星图像中自动提取和分析特定目标成为可能，广泛应用于热点区域监测、环境监测、城市规划和交通管理等领域。

　　环境科学家利用目标分割技术监测森林覆盖变化、湿地侵蚀、野生动物栖息地和自然灾害影响，通过精确识别不同地貌和植被类型，可以更好地评估生态系统的健康状况和进行生物多样性保护。城市规划者通过目标分割技术从卫星视频中提取建筑物、道路和其他城市基础设施，以支持城市扩张规划、交通网络优化和绿地保护。在精准农业中，目标分割技术有助于区分不同类型的作物，监测作物生长状况和病虫害发生，这为农业生产提供了卫星视频数据支持，帮助农民做出更合理的种植和灌溉决策。交通管理部门使用目标分割技术监控道路网络中车辆的流动情况，分析交通流量和模式，对于交通规划、拥堵缓解和事故预防具有重要意义。在自然灾害发生后，卫星视频目标分割技术可以快速识别受灾区域和受损基础设施，帮助救援团队定位受灾人群，评估灾害损失，从而更有效地组织救援资源。卫星视频目标分割技术在海洋监测中用于识别舰船、浮冰和其他海洋特征，对于海运安全、海洋资源开发和气候变化研究具有重要价值。

7.2　基于时空特征信息筛选的卫星视频单运动目标分割方法

7.2.1　问题分析

　　卫星视频是空间对地观测由传统单幅静态图像向多帧连续动态图像的发展。相较于通用视频数据，卫星视频在目标分割任务上存在空间分辨率不足、边缘轮廓模糊、特征不显著等问题，如图 7-2 所示。目前，卫星视频空间分辨率在 1m 左右，与通用视频和高分辨率空间对地观测静态影像相比，空间分辨率较低。因此，卫星视频中舰船、火车等典型目标外观特征不显著导致前背景难以区分。尤其对于动态成像过程中出现光照变化的场景，严重干扰地物目标的精确分割。

　　现有卫星视频目标分割方法侧重于逐帧提取影像中的目标特征，忽略了对目标时序连接对应关系的利用，这容易造成目标的帧间丢失，同时现有的视频目标分割方法未考虑卫星视频数据特有的成像特点。因此，如何构造目标在时序上的关联关系，以及面向视频低分辨率和光照影响下的目标外观表征模糊的情况实现有效的特征筛选和提取，是当前卫星视频单目标分割面临的问题。

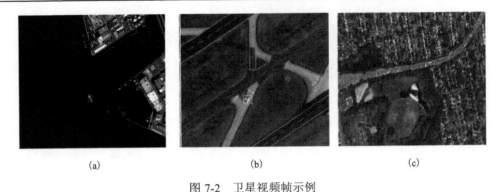

(a)　　　　　　　　　　(b)　　　　　　　　　　(c)

图 7-2　卫星视频帧示例

7.2.2　方法原理

7.2.2.1　方法框架

本节介绍作者团队于 2024 年提出的一种端到端的半监督卫星视频目标分割方法[25]。该卫星视频目标分割网络选择 ResNet 作为骨干网络，在卫星视频单目标分割数据集和 DAVIS2016 数据集上采用了不同的训练策略进行预训练，这样可以保证网络得到充分训练，并拥有一定的泛化性能。方法框架如图 7-3 所示，包括了两个核心模块：时序信息提取与关联模块和特征筛选模块。

网络首先将视频帧和轮廓图耦合后输入编码器，之后进行卷积操作；然后通过对查询帧和参考帧的时序特征进行重聚合，得到边框级的粗糙分割预测结果，同时获得目标位置的预测结果，对目标特征设置记忆库，以对采样到的视频中前序帧的特征进行存储，之后输入分辨率自适应特征筛选模块获得置信度最高的特征图，最后输入解码器，获得查询帧的分割结果。

7.2.2.2　时间上下文信息提取

本节介绍利用时间上下文信息来提取目标的运动信息和相邻帧之间的交互信息。当前帧作为查询帧时，针对该帧中的任何一个感兴趣区域，将其定义为注意力机制中的查询目标，同时，将其在另一帧中的空间上相邻的所有区域作为关键信息和参考信息，并以此来推导出表征其当前区域与另一帧相邻区域关系的注意力图。接下来，利用该注意力图汇总邻域的外观特征，并与当前区域的外观特征融合，形成相同区域在两个不同帧对应位置处外观信息的综合特征(Inter-Frame Appearance Feature)。此外，注意力图还用于对另一帧相邻区域的位移进行加权处理，以获得当前区域从当前帧到相邻帧的大致运动向量(Motion Vector)，最后通过线性层获得两帧之间的运动特性。提取器结构如图 7-4 所示。这样，通过注意力图的复用同时独立地提取出了两种特征，并可以进一步在此基础上提取新的外观信息和运动信息。

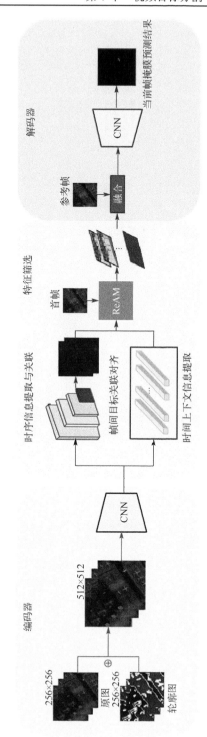

图 7-3 分辨率自适应的分割网络结构

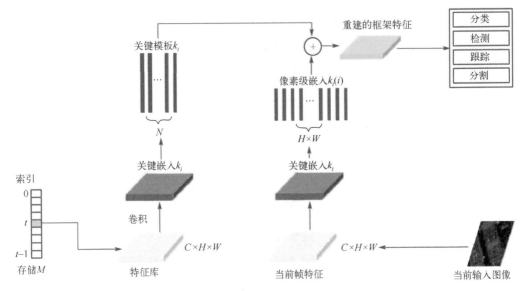

图 7-4　时间上下文信息提取器

7.2.2.3　时序帧间目标关联对齐

对时间上下文中运动信息和外观信息的全部提取也带来了更高的计算成本。本节引入时序特征重聚合策略，仅利用时序信息中的目标位置信息实现目标间的关联和对齐。首先通过对查询帧和参考帧的时序特征进行重聚合，得到边框级的粗糙分割预测结果，同时获得目标位置的预测结果，然后将该粗糙分割预测结果作为先验目标信息输入查询帧，使查询帧和参考帧中都包含目标信息，并且实现目标信息对齐。在特征重聚合操作时，为了得到更好的分割指导信息，可以充分学习参考帧中的目标信息。然而，参考帧提取的目标特征不仅包含了前序帧的标注结果和分割预测结果，还包含了整帧的全部像素级信息，这容易导致错误的像素级匹配结果，降低目标特征表示的鲁棒性。为了解决这个问题，获得更精准的目标信息，本节对目标特征设置记忆库，以对采样到的视频中前序帧的特征进行存储。采样时，需要的策略如下：当第 t 帧为查询帧时，参考帧定义为视频序列的第一帧和查询帧的前一帧，即第 $t-1$ 帧，并对第 $1\sim t-1$ 帧时间的视频帧采用固定检测采样，也作为参考帧。实验过程中，假设采样了 T 个参考帧，首先对参考帧做特征映射，这一步采用一个 1×1 的卷积层，得到参考帧 Value 特征 $V^m\in\mathbf{R}^{T\times H\times W\times512}$ 和参考帧 Key 特征 $K^m\in\mathbf{R}^{T\times H\times W\times128}$；对查询帧做特征映射，得到查询帧 Value 特征 $V^q\in\mathbf{R}^{T\times H\times W\times512}$ 和查询帧 Key 特征 $K^q\in\mathbf{R}^{T\times H\times W\times128}$，其中，Value 通道数设置为 512，Key 通道数设置为 128，特征图的高和宽分别用 H 和 W 表示。记忆特征在记忆库中表示为

$$V_a^m\in S^r[K^q(K^m)^T]V^m \tag{7-1}$$

其中，$S^r[K^q(K^m)^T]$ 是一个相似度矩阵，大小为 $HW \times THW$，展示了参考帧和查询中之间特征的位置对应关系，S^r 表示的是在矩阵行的方向上进行 softmax 函数计算，得到的归一化结果。考虑到之前提及的重新聚合框架设计，第一阶段中的相似度矩阵呈现出了非对称的特性。在第二阶段中，通过提供查询帧的先验边框，相似度矩阵是通过计算语义对齐的特征得到的，这使得聚合过程可以同时考虑到多个视频帧的视觉信息和目标信息，从而获得更突出前景目标的代表性特征。尽管上述的记忆读取模块能够根据相似度聚合记忆库中的像素级特征，但该模块仅限于像素级别的特征聚合，并未充分利用通道级别的信息。实现查询帧特征和记忆读取得到的聚合特征之间的信息交互和特征增强的方法如下

$$\omega_q = f_{mq}(V^q, V_a^m) \tag{7-2}$$

$$\omega_m = f_{qm}(V^q, V_a^m) \tag{7-3}$$

$$F_a = \{\omega_q \cdot V^q, \omega_m \cdot V_a^m\} \tag{7-4}$$

在这种情况下，ω_q 和 ω_m 分别表示查询帧特征和参考帧聚合特征的通道加权向量，f_{mq} 和 f_{qm} 则是将输入特征映射到 ω_q 和 ω_m 权重的函数，{}操作表示特征串联拼接。可以看出，ω_q 和 ω_m 联合使用了查询帧和参考帧的信息，为不同时间序列的特征通道分别生成了自适应的权重。

在式(7-3)中，通过通道聚合操作可以更精确地筛选出帧间共现的目标特征，从而削弱背景噪声的影响。

7.2.2.4　分辨率自适应特征筛选

分辨率自适应特征筛选模块 ReAM 可以分为三个步骤，结构如图 7-5 所示。首先是筛选前景、背景相似度图，即前景通道只处理前景相似度图，背景通道只处理背景相似度图。然后是通过一个简单的小网络学习一个衡量特征图重要性的权重向量。这里使用了全局最大池化操作，基于先验信息：相似度越大，匹配越准确，那么这幅相似性图也就会越重要；而部分目标像素，在第 1 帧存在，而在第 t 帧消失，那么该像素在第 t 帧就无法匹配，对应相似性值偏低，池化后的值也低。

有了衡量重要性的权重(Ranking Score)之后，根据每幅图的权重，从大到小地对相似性图进行排序，并设置一个通道大小(这里设为 256)，如果不足 256，则填充补全，多于 256，则丢弃。这样特征的大部分信息得以保全，丢弃的是无关信息，而最后得到的特征尺寸也得以固定，可以直接用于分割。

深度 CNN 带来性能提升的同时也带来了过高的计算量，深度学习网络包含多个不同输入分辨率和深度子网，样本先从最小的子网开始识别，若结果满足条件则退出，否则继续使用更大的子网进行识别，子网的特征不是独有的，下一级别的子

网会融合上一级别的子网特征。

　　该模块整体结构如图 7-5 所示，包含 1 个初始层和 H 个对应不同分辨率的子网络，每个子网络都含有多个分类器。具体实验过程中，对于分辨率的自适应阶段，本节将自适应推理模型建立为具有 K 个分类器的网络，其中这些中间分类器附加在模型的不同深度。给定输入图像 x，第 k 个分类器的输出可以表示为

$$P^{\kappa} = f_k(x; \theta_k) = [p_1^k, \cdots, p_c^k]^{\mathrm{T}} \in \mathbf{R}^C, \quad k = 1, 2, \cdots, K \tag{7-5}$$

其中，θ_k 为第 k 个分类器对应的部分网络参数，每个元素 $p_c^k \in [0,1]$ 为第 c 个分类的预测置信度。注意 θ_k 在这里有共同的参数。

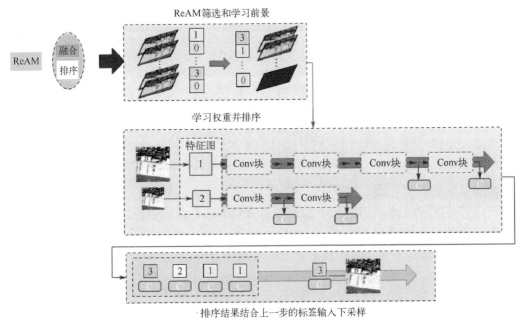

图 7-5　分辨率自适应特征筛选模块

　　自适应模型根据样本的复杂性动态分配适当的计算资源来推断样本。样本将在第一个分类器的输出满足某个标准时退出网络。在本节中，使用 softmax 输出的最高置信度作为决策基础，最大 softmax 输出大于给定阈值时，第一个分类器的预测作为最终输出，表示为

$$k^* = \min\{k \mid \max_c p_c^k \geq e\} \tag{7-6}$$

$$\hat{y} \in \arg\max_c p_c^{k*} \tag{7-7}$$

在进行特征筛选时，具体流程如下：

　　首先，利用初始层获取不同分辨率的特征图；然后，使用最低分辨率的子网络进行预测，如果没有得到可靠的结果，就切换到下一个分辨率稍大的子网络进行预测，直到获得可靠结果或到达最大分辨率子网络。在重复迭代预测的过程中，高分辨率层会与低分辨率层的特征进行融合。尽管初始层已经对图像进行了从细粒度到粗粒度的处理，但子网络仍然会持续对其进行下采样，直到特征图大小与初始层产生的最小分辨率相等。分类器仅被加在最后几个与初始层产生的最小分辨率相等大小的特征图区块上。

　　然而，常规 CNN 要求输入特征具有固定数量的通道。为了解决这个问题，本节设计了 ReAM 来对重要特征进行排序和选择。也就是说，本节通过学习相似性图的评分方案，然后根据分数对这些图进行排序和选择。具体来说，首先交换相似图的空间和通道维度（将 $S \in \mathbf{R}^{H_0 W_0 \times H \times W}$ 重塑为 $\hat{S} \in \mathbf{R}^{HW \times H_0 \times W_0}$），然后分别与前景或者背景的掩码（调整为 $W_0 \times H_0$）相乘。因此，得到了前景特征或者背景特征（$\hat{S}^1$ 或 $\hat{S}^0$）。然后，对于每个相似图 S_j，学习一个排名分数 r_j，它表示每个相似图的重要性。本节为了计算 $\hat{S}^1$ 中相似性映射的排名分数，使用了一个两层网络 f_n，通过逐元素的方式与张量 $\hat{S}^1$ 的分组卷积全局最大池化 $f_{\max}$ 求和来增强。分数越大，表示相应的相似图在 $\hat{S}^1$ 中的重要性越大。每个相似图的通道最大值表示模板帧中对应像素在当前帧中找到匹配像素的可能性。将最终前景排名评分指标 $R^1 \in \mathbf{R}^{W_0 \times H_0}$ 定义为

$$R^1 = f_n(\hat{S}^1) + f(\hat{S}^1)_{\max} \tag{7-8}$$

　　然后将 R^1 重塑为向量 $r^1 \in \mathbf{R}^{H_0 W_0}$。同样，可以得到背景排名得分向量 r^0。最后，根据 r^1 中对应的分数从大到小对 S^1 中的相似性映射进行排序

$$\overline{S}^1 = \text{Rank}(S^1 | r^1) \tag{7-9}$$

　　如果前景图相似图的个数 S^1 小于目标通道大小（设为 256），则将排序特征填充为零图；如果数量大于目标通道大小，则丢弃冗余特征，从而可以固定通道大小。对背景张量 S^0 进行类似处理。

　　本章提出的特征提取网络基于 ImageNet 预训练的 ResNet-50 网络，在该网络基础特征输入层后分别加入了全局平均池化层和类别引导池化层，使其在进行提取特征时得到更具空间响应性的能力。网络损失函数为

$$\text{Loss} = L_{\text{seg}}(B_t, B_t) + L_{\text{seg}}(S_{t+1}, S_{t+1}) \tag{7-10}$$

　　损失函数结合了交叉熵损失和 Dice 损失，Dice 损失的权重设置为 0.15，B_t 和 S_t 表示目标前景和背景的分割标签，用于监督分割结果

$$L_{\text{seg}} = l(B_q, B_l) + l(S_q, S_l) + l(S_q^r, S_l) \tag{7-11}$$

7.2.3　实验与分析

7.2.3.1　实验数据

实验使用的数据集共有两个，分别是卫星视频单目标分割数据集 SAT-MTB-SOS 和 DAVIS2016，SAT-MTB-SOS 是卫星视频领域体量最大的单目标分割数据集，DAVIS2016 是通用领域应用最广泛、影响力最强的单目标分割数据集，具体使用的卫星视频数据分布如表 7-1 所示。

卫星视频单目标分割数据集在每个卫星视频序列中都有一个标注实例，如图 7-6 所示。在卫星视频领域中，通常关注具有某些典型特征的目标。因此，为了防止过拟合以及保证数据集的内容丰富性，选用了该数据集中包含的飞机和舰船两类目标，共 38 段视频序列，并按照训练集：测试集约为 2∶1 的比例划分。训练集包括 13 段飞机和 13 段舰船视频序列，共计 26 段视频序列，测试集包括 6 段飞机视频序列和 6 段舰船视频序列，共计 12 段视频序列。每段视频序列约为 120 帧，总计约 4560 帧。

表 7-1　卫星视频数据集飞机和舰船数据量分布

数据	训练集		测试集	
类别	飞机	舰船	飞机	舰船
视频数量	13	13	6	6
视频帧数量	1560	1560	720	720
平均每帧标注实例个数	1	1	1	1

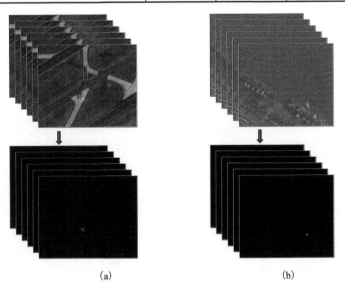

(a)　　　　　　　　　　　　　　　　(b)

图 7-6　实验数据示例

DAVIS16 数据集总共包含 50 个高空间分辨率的视频序列，其中总计 3455 幅图像。在 DAVIS16 数据集中，被标注的分割目标是单个物体或者是多个物体的组合，均以单个掩膜区域形式展示。

7.2.3.2　实验设置

本节提出方法使用具有代表性的编码-解码器结构的 RANet 作为基线方法，在此基础上进行特征提取与筛选。主干网络的特征编码部分包含 5 个卷积块和 1 个空洞卷积空间金字塔池化部分。为了生成特征输入对的嵌入，所提出的编码器含有 5 个卷积块和 1 个 ASPP 模块。使用的全局记忆特征提取器，除了第 4 层和第 5 层，其他层在训练时均固定权重。全局记忆模块的由两层图卷积网络组成，两层之间使用 ReLU 连接。本节使用最大池化步数 2 作为上采样方法，所有的变换操作都由一个 1×1 的卷积层构成，最后，本节对 48 个通道的低级特征应用 1×1 卷积层，解码器使用两个 3×3×256 卷积层和一个卷积层来解码嵌入特征表达与底层特征表达的拼接向量。最后一个卷积层包含一个卷积核和一个 softmax 激活操作层。本节在测试阶段，基于实际实验经验，设置参考帧采样间隔为 15 帧，可以达到速度与精度的平衡。设置动量为 0.9，权重衰减为 0.0005，学习率为 $5×10^{-5}$，使用随机梯度下降算法（Stotastic Gradient Descent，SGD）训练 20 个轮次。批大小设置为 4，全局记忆样本设置为 5。所有实验均基于相同的配置环境，其中硬件设备为 Intel(R) Core(TM) i9 CPU @ 3.30GHz，128GB 内存，GPU 为两块 GeForce RTX（2×24GB）。

本节介绍的对比方法包括：使用在线微调的 OSVOS[11]，基于孪生网络的 SiamMask[18]，基于追踪正框的 D3S[26]，基于传播的 RVOS[27]、PCVOS[28]，基于匹配的分割的基线方法 RANet[19] 和使用层级化匹配结构的 AOT[29] 等。本节使用的评价指标包括平均区域相似性（Region Similarity）$\mathcal{J}$、平均轮廓准确性（Contour Accuracy）$\mathcal{F}$ 和每秒帧数（Frame Per Second, FPS），$\mathcal{J}$ 和 $\mathcal{F}$ 评价分割精度，FPS 评价速度，这是视频目标分割方法领域的三个典型评价指标。

7.2.3.3　结果分析

表 7-2 展示了不同目标特征提取模块的消融实验，可以看出，网络使用不同特征匹配方式得到的分割性能有着明显的不同。在空间维度，增加分辨率自适应模块，选取更适合卫星视频数据的卷积层数，分割精度有明显提升。加入时间维度的上下文信息时，分割精度又有了明显的提升。可以看出，时空上下文信息的应用，在时序上对目标进行了关联，也通过选择更合适的卷积层数，提取到了更明确的目标特征，增强了目标的外观表征，使网络可以应对目标的快速运动和目标遮挡的问题，同时也更加聚焦于感兴趣的前景目标，削弱了大量背景信息的影响，实现了有效卫星视频目标分割，并进一步优化了卫星视频飞机和卫星视频舰船的分割性能。

表 7-2　卫星单目标分割方法消融实验

时序帧间目标关联对齐	分辨率自适应模块	$\mathcal{J}$ & $\mathcal{F}$-mean/%	mIoU/%
		49.1	29.8
	√	51.1	31.6
√		51.3	32.2
√	√	74.7	51.1

　　本节提出方法在训练部分开展了三种数据输入模式,形成不同的数据训练策略,第一种是仅用卫星视频数据进行训练;第二种是仅用 DAVIS2016 数据集进行训练;第三种分成两步进行,第一步仅用卫星视频数据进行预训练,第二步使用 DAVIS 视频数据做微调。在 DAVIS 上微调之后也可以有较好的泛化性能。这三种不同的训练策略的消融实验结果如表 7-3 所示。可以看出,仅在卫星视频数据集上进行训练时,本节提出方法在卫星视频数据测试集上的结果表现良好;仅使用 DAVIS 视频数据集进行预训练时,本节提出方法在 DAVIS2016 数据集的测试集上的分割结果受到影响,但依旧有效,然而在卫星视频数据测试集上失效,这证明了构建卫星视频分割数据集是重要和有意义的;当采用第三种数据训练策略时,本节提出方法不仅在 DAVIS2016 测试集上表现优秀,而且对卫星视频数据测试集中的数据也实现了有效的分割,提高了整个模型的泛化性能,进一步提高了卫星视频单目标分割方法的性能。

表 7-3　不同训练策略的消融实验

SAT-MTB-SOS 训练集	DAVIS2016 训练集	SAT-MTB-SOS		DAVIS2016	
		$\mathcal{J}$ & $\mathcal{F}$-mean/%	FPS	$\mathcal{J}$ & $\mathcal{F}$-mean/%	FPS
	√	49.1	18.5	86.8	25.1
√		73.9	17.5	80.1	24.3
√	√	74.7	18.3	87.7	25.6

　　表 7-4 展示了本节提出方法与其他代表性方法在卫星视频单目标分割数据上的定量评价结果。可以看出,在同样的实验条件下,本节提出方法在卫星视频数据上具有最高精度的分割结果,明显优于目前的方法。

表 7-4　提出方法与其他方法在 SAT-MTB-SOS 数据集上的精度评价

指标	提出方法	RANet	SiamMask	D3S	AOT	OSVOS	RVOS	UVC	SAT	LCM	PCVOS
$\mathcal{J}$	**0.631**	0.258	0.428	0.521	0.492	0.369	0.483	0.298	0.439	0.587	0.541
$\mathcal{F}$	**0.863**	0.279	0.654	0.752	0.691	0.759	0.595	0.492	0.799	0.852	0.824
FPS	**0.356**	2.012	0.151	0.163	0.172	1.51	1.232	0.971	0.465	1.004	0.106

　　表 7-5 整合了本节提出方法与其他代表性方法基于卫星视频单目标分割数据集

合 DAVIS2016 数据集上结果的速度比较，FPS 都是在各自的验证集上进行计算的。与其他方法相比，不论在哪个数据集上，本节提出方法的速度都得到了保证，相较于采用的骨干网络，通过分辨率自适应模块的设计，显著提高了分割速度，但略低于基于跟踪的分割方法 SiamMask 和 D3S，如何在保证卫星视频单目标分割精度的情况下得到速度的提升，也是后续工作中要面临的挑战。

表 7-5　SAT-MTB-SOS 数据集和 DAVIS2016 上的 FPS 精度评估结果

	卫星视频数据集	DAVIS2016
RANet	12	17
SiamMask	23	30
D3S	26	32
AOT	13	21
OSVOS	0.2	0.35
OnAVOS	0.18	0.34
MaskTrack[30]	0.26	0.59
RVOS	0.35	0.41
UVC	5.6	7.2
SAT[31]	4.9	3.3
LCM[32]	13	19
PCVOS	7.8	11
提出方法	**18**	**26**

表 7-6 和图 7-7 展示了本节提出方法在速度和分割精度上的平衡性，从图 7-7 中可以看出，本节提出方法在保证了有竞争力的推理速度时，显示出了最佳的性能，在表 7-6 中可以看出，本节提出方法的 $\mathcal{J}\&\mathcal{F}$-mean 达到了 74.7%，显著高于其他方法，基于追踪的方法 D3S 和 SiamMask 方法有着更快的速度和相对较好的分割结果，但精度明显低于本节提出方法。

表 7-6　SAT-MTB-SOS 数据集上速度和精度综合评估结果

	速度/FPS	$\mathcal{J}\&\mathcal{F}$-mean/%
RANet	12	26.9
SiamMask	23	54.1
D3S	26	63.7
AOT	13	59.2
OSVOS	0.2	56.4
OnAVOS	0.18	60.8

续表

	速度/FPS	$\mathcal{J}\&\mathcal{F}$ -mean/%
MaskTrack[30]	0.26	55.5
RVOS	0.35	53.9
UVC	5.6	39.5
SAT[31]	4.9	61.9
LCM[32]	13	72.0
PCVOS	7.8	68.3
提出方法	**18**	**74.7**

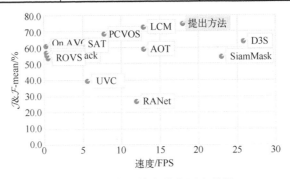

图 7-7　速度和精度综合评定结果

　　表 7-7 整合了本节提出方法与最先进的方法基于卫星视频单目标分割数据集合 DAVIS2016 数据集上结果的精度比较。可以看出，本节提出方法不仅在卫星视频数据上有着最佳的分割精度，在其他视频单目标分割数据集上也保持了良好的泛化性能，可以得到与其他代表性方法有竞争力的分割结果。

表 7-7　基于 SAT-MTB-SOS 数据集和 DAVIS2016 进行精度评价

	卫星视频数据集			DAVIS2016		
	$\mathcal{J}$-mean/%	$\mathcal{F}$-mean/%	$\mathcal{J}\&\mathcal{F}$-mean/%	$\mathcal{J}$-mean/%	$\mathcal{F}$-mean/%	$\mathcal{J}\&\mathcal{F}$-mean/%
RANet	25.8	27.9	26.9	85.5	85.4	85.5
SiamMask	42.8	65.4	54.1	71.7	67.8	69.8
D3S	52.1	75.2	63.7	73.8	72.5	73.2
AOT	49.2	69.1	59.2	86.9	88.3	87.6
OSVOS	36.9	75.9	56.4	79.8	80.6	80.2
OnAVOS	42.1	79.5	60.8	80.2	81.6	80.9
MaskTrack[30]	48.7	62.2	55.5	79.7	75.4	77.6
RVOS	48.3	59.5	53.9	81.3	83.5	82.4
UVC	29.8	49.2	39.5	84.2	86.5	85.4

续表

	卫星视频数据集			DAVIS2016		
	$\mathcal{J}$-mean/%	$\mathcal{F}$-mean/%	$\mathcal{J}$ & $\mathcal{F}$-mean/%	$\mathcal{J}$-mean/%	$\mathcal{F}$-mean/%	$\mathcal{J}$ & $\mathcal{F}$-mean/%
SAT[31]	43.9	79.9	61.9	79.1	79.6	79.4
LCM[32]	58.7	85.2	72.0	77.8	78.1	78.0
PCVOS	54.1	82.4	68.3	76.4	79.2	77.8
提出方法	**63.1**	**86.3**	**74.7**	**86.7**	**88.6**	**87.7**

表 7-8 展示了对卫星视频单目标分割数据集中选择的飞机和舰船两个类别分别进行测试评价的结果和一起进行评价测试的结果，可以看出不论哪一类别，本节提出方法都表现出来最高的分割精度。本节提出方法对于飞机的分割精度略高于舰船，这是因为在舰船的视频序列中，目标与背景的像素数量相差更大，但在飞机这类目标上 $\mathcal{J}$ & $\mathcal{F}$-mean 达到了 70.5%，在舰船这类目标上 $\mathcal{J}$ & $\mathcal{F}$-mean 达到了 66.1%，提出方法在卫星视频数据上表现性能最佳，在运行速度和分割准确性上均表现优异，有效地实现了卫星视频单运动目标的分割。

表 7-8　不同类别目标的精度评价

	飞机			舰船			全部		
	$\mathcal{J}$-mean/%	$\mathcal{F}$-mean/%	$\mathcal{J}$ & $\mathcal{F}$-mean/%	$\mathcal{J}$-mean/%	$\mathcal{F}$-mean/%	$\mathcal{J}$ & $\mathcal{F}$-mean/%	$\mathcal{J}$-mean/%	$\mathcal{F}$-mean/%	$\mathcal{J}$ & $\mathcal{F}$-mean/%
RANet	28.1	32.9	30.5	23.5	22.9	23.2	25.8	27.9	26.9
SiamMask	43.1	67.8	55.5	42.5	63.0	52.8	42.8	65.4	54.1
D3S	55.9	79.2	67.6	48.3	71.2	59.8	52.1	75.2	63.7
AOT	53.6	73.3	63.5	44.8	64.9	54.9	49.2	69.1	59.2
OSVOS	38.1	78.4	58.3	35.7	73.4	54.6	36.9	75.9	56.4
OnAVOS	45.8	81.8	63.8	38.4	77.2	57.8	42.1	79.5	60.8
MaskTrack[30]	51.9	65.2	58.6	45.5	59.2	52.4	48.7	62.2	55.5
RVOS	49.8	62.6	56.2	46.8	56.4	51.6	48.3	59.5	53.9
UVC	33.2	53.6	43.4	26.4	44.8	35.6	29.8	49.2	39.5
SAT[31]	46.7	86.1	66.4	41.1	73.7	57.4	43.9	79.9	61.9
LCM[32]	60.1	87.1	73.6	57.3	83.3	70.3	58.7	85.2	72.0
PCVOS	55.2	85.7	70.5	53.0	79.1	66.1	54.1	82.4	68.3
提出方法	**65.2**	**88.2**	**76.7**	**61.0**	**84.4**	**72.7**	**63.1**	**86.3**	**74.7**

从图 7-8 中实验的定性可视化结果可以看出，本节提出方法在卫星视频数据上实现了有效分割，但也存在着错分(黄色标注)、漏分(绿色标注)的现象。

第 10 帧　　第 50 帧　　第 100 帧　　尾帧

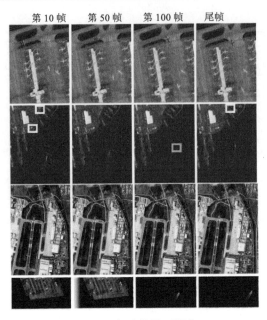

图 7-8　实验结果可视化

　　图 7-9 展示了本节提出方法应对卫星视频中目标快速运动挑战的有效性，图 7-10 展示了本节提出方法应对卫星视频中光照变化剧烈带来挑战的有效性。图中展示的是一个视频序列的分割结果，从左至右、从上至下分别是间隔 20 帧抽帧展示的分割结果可视化。

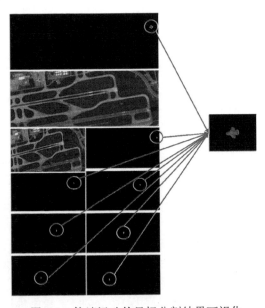

图 7-9　快速运动的目标分割结果可视化

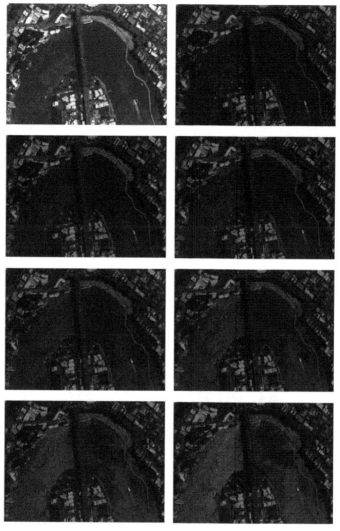

图 7-10　光照变化剧烈的视频中的目标分割结果可视化

7.3　基于时空信息约束的全场景卫星视频多目标分割方法

7.3.1　问题分析

相较于通用视频数据，卫星视频在目标分割任务上存在前景与背景像素极度不均衡的问题，图 7-11(a)展示了 SAT-MTB 分割子数据集中卫星视频数据前景和背景像素在整景影像中的占比。通常卫星视频具有大尺度场景，其中包含的前景典型运动目标，如舰船，最小的甚至不足 10 像素，这使得场景中前景和背景像素极度不平衡，也就造成了正负样本极度不均衡。图 7-11(b) 和 (c) 展示了背景的复杂性，卫星视频的成像覆盖区域通常比通用视频大数百倍，随之而来的是大量冗余的背景信息和各种背景干扰情况，其中包括目标融入背景中难以区分的情况；目标周围存在相似的干扰物体以及光照条件变化和阴影变化等。目前多数视频目标分割方法独立分割每个目标，再将所有的分割结果进行整合，缺乏对目标间关系的考量。同时，目标间的时间和空间关系可以为分割过程提供重要的依据和线索，这在进行多目标分割时有助于减少计算量，如何利用好目标间的时空关系也是分割任务需要关注的问题。

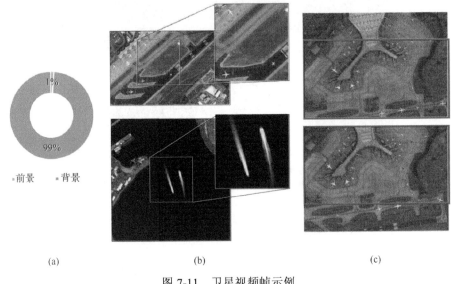

图 7-11　卫星视频帧示例

7.3.2　方法原理

当前的视频多目标分割方法大多关注于提取深层信息获得更丰富的特征信息，这并不适用于特征不显著的卫星视频数据。现有的卫星图像分割方法不关注图像之间的相似性，包含了很多冗余计算。针对以上问题，作者团队提出了一种端到端的半监督卫星视频目标分割方法[33]，该方法于 2024 年发表在 *IEEE Journal of Selected Topics in Applied Earth Observations and Remote Sensing*，该方法整体框架如图 7-12 所示。

该方法首先将卫星视频序列帧输入编码器，之后进行卷积操作，然后通过对查询帧和参考帧结合进行下采样和特征提取操作，获得特征图，最后输入解码器进行特征解码和预测，得到分割预测结果。

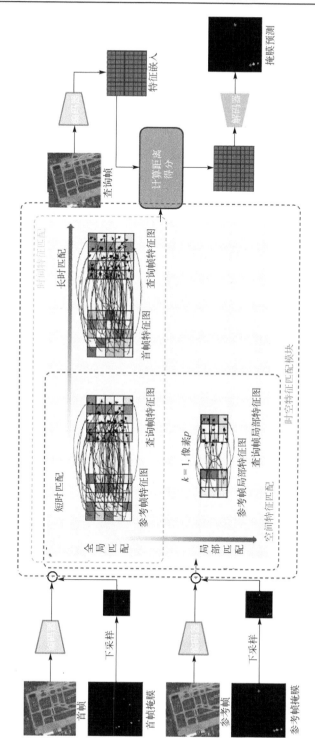

图 7-12　时空信息约束的多目标分割网络

在输入的 256+3 个维度中，只有 3 个维度在不同的目标之间不同，而这 3 个维度在实际分割计算中提供了充分的参考。这样的分割网络使计算量集中在主干网络上，可以使用目标数量不固定的数据，将网络权重很好地扩展到多个目标，在分割过程中不被分割目标数量所限制，同时也可以进行端到端的训练。D3S[26]、SiamMask[18]等经典方法对每个目标的分割都要经过整个网络，然后合并所有结果，与它们相比，本节提出的方法具有一定优势。

本节提出方法使用了更适应于细节的 DenseNet 架构作为网络主干，DenseNet 通过构建前面层与后面层的密集连接，在 CNN 的卷积层数变多时，避免了梯度消失，更好地保留了特征信息。在此基础上，添加了一个由深度可分离卷积组成的嵌入层，即对每个通道分别执行 3×3 卷积，然后是 1×1 卷积，允许通道之间的交互。在实际操作时，使用了维度为 256 的 4 个深度可分离的卷积层，深度卷积的核大小为 7×7，以及一个 softmax 激活函数。在此基础上，添加一个 1×1 的卷积来提取维度为 1 的特征。

该方法除了利用学习到的第一帧的掩膜信息外，还使用这个网络传递相邻帧之间的信息，以便更好地定位目标位置和适应目标的外观变化。

7.3.2.1　空间特征匹配策略

空间特征匹配策略如图 7-13 所示。将解码器提取到的特征图输入特征匹配模块，在空间特征匹配方面，为每个像素 p 在空间中提取一个语义嵌入向量 n_p，为每个像素 q 在空间中提取一个语义嵌入向量 n_q，构成嵌入空间。在视频序列中，不论是不同帧之间还是同一帧中，属于同一个目标的像素在空间中距离较近，而属于不同目标的像素则会距离较远。使用 p 和 q 的坐标计算同帧中不同像素 p 与 q 之间的欧氏距离

$$d = \sqrt{(p_x - q_x)^2 + (p_y - q_y)^2} \tag{7-12}$$

其中，p_x、p_y 和 q_x、q_y 分别表示 p 和 q 的 x、y 坐标。同时，式 (7-13) 也可以利用嵌入空间中的向量 n_p 和 n_q 表示为

$$d = \left\| n_p - n_q \right\|^2 \tag{7-13}$$

对 d 进行归一化，得到

$$d(p,q) = 1 - \frac{2}{1 + \exp(\left\| e_p - e_q \right\|^2)} \tag{7-14}$$

d 的值始终介于 0 和 1 之间，对于相同的像素，$d(p,p) = 0$，而对于距离远的像素 q 来说，d 趋近于正无穷，$d(p,q) = 1 - \dfrac{2}{1+\infty}$，$d(p,q)$ 无限趋近于 0。

在考虑该像素是否属于某个目标实例时，除了距离 $d(p,q)$，该方法还需要参考第一帧给出的真值掩膜做全局匹配

$$O_{i,r}(p) = \min_{q \in T_{i,r}} d(p,q) \tag{7-15}$$

其中，$O_{i,r}$ 表示在第 i 帧中该像素属于目标 r 的可能性，T_i 表示第 i 帧的所有像素集合，$T_{i,r}$ 表示第 i 帧中属于 r 的所有像素集合。全局匹配时，通过一个大矩阵来表示全局匹配的距离图，从中得出当前帧和第一帧所有像素之间的距离，并记录下每组距离中的最小距离对。

第 $i-1$ 帧的掩膜信息为第 i 帧提供目标位置信息，利用这个信息在局部进行操作。在对第 i 帧中搜索类别为 r 的像素 p 时，只在第 $i-1$ 帧的 p 像素邻近的像素中搜索。在 p 周围划定大小为 k 的窗口，包括了在 x 和 y 方向上距离 p 最远的 k 个像素，总计 $(2 \times k + 1) \times 2$ 个元素。该方法将这个窗口中的像素集合定义为 $N(p)$，与全局匹配距离计算函数相似，局部匹配的距离计算函数如下

$$Q_{i,r}(p) = \begin{cases} 1, & T_{i-1,r}^{p} = \varnothing \\ \min\limits_{q \in T_{i-1,r}^{p}} d(p,q), & \text{其他} \end{cases} \tag{7-16}$$

其中，$Q_{i,r}(p)$ 表示第 i 帧中属于 r 的像素 p 与第 $i-1$ 帧中属于 r 的像素 p 之间的距离，距离得分越小，该像素与 p 的相似度越高。如果第 $i-1$ 帧中没有属于 r 的像素，则定义距离为 1。

图 7-13   特征匹配方法

在进行空间匹配时，会有一些噪声产生假阳性的距离，这些数据不能直接用于分割，需要进一步的去除噪声后再进行分割操作。在训练过程中，全局匹配计算所有的像素对的距离成本非常高，为控制计算量，全局匹配每次最多只匹配 1024 个像素。对于局部匹配，使用 $k = 15$ 的窗口，步长为 4 提取嵌入向量。

7.3.2.2   时间特征匹配策略

本节介绍的时间特征匹配除了考虑视频序列在同一帧和不同帧之间有空间相关关系，在不同帧之间还有时间相关关系，如图 7-14 所示。该模块将带有标注信息的帧定义为参考帧，将当前帧定义为查询帧。首帧为第一个参考帧，它有最准确的掩

膜信息，后续帧与生成的掩膜信息也可以作为参考帧。参考帧与查询帧之间的时间距离越大，相似度越低。因此该模块在时间维度使用长时匹配和短时匹配两种匹配方式。

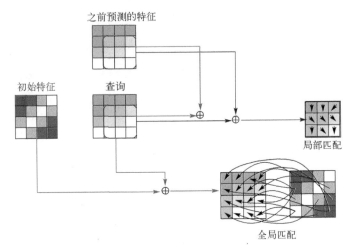

图 7-14　时空特征匹配策略结构

在长时匹配模板中，使用第 i 帧与首帧进行全局匹配。如果视频序列共有 t 帧，则其时间维度上的最长距离为 t，第 i 帧与首帧之间的距离为 i，与上一帧的距离为 1。根据距离越远权重越小的原则，该方法使用一维高斯函数计算首帧时间距离为 i 的图像的指导权重

$$L(i) = \exp\left(-\frac{i^2}{2 \times \sigma^2}\right) \tag{7-17}$$

其中，σ 值越小，平滑程度越低，σ 值越大，平滑程度越大。经过多次实验，该模块中使用的 σ 值为 10。将 $L(i)$ 与空间匹配距离相乘，得到最终全局匹配的距离计算结果

$$L_{i,r}(p) = L(i) \times O_{i,r}(p) \tag{7-18}$$

由于相邻帧之间的信息传递能有效定位目标和应对目标外观变化，在短时匹配模板中，利用上一帧及生成的掩膜信息做全局匹配。与同第一帧做空间全局匹配的距离图类似，当前帧与上一帧的距离计算函数如下

$$S_{i,r}(p) = \begin{cases} 1, & T_{i-1,r} = \varnothing \\ \min_{q \in T_{i-1,r}} d(p,q), & \text{其他} \end{cases} \tag{7-19}$$

其中，$S_{i,r}(p)$ 是当前帧像素与前一帧相关的距离图。由于目标可能运动到图像范围之外，第一帧属性为 r 的像素在第 $i-1$ 帧消失，在这种情况下，将局部匹配距离定

义为 1。但两帧图像之间目标运动通常较小，通过局部匹配可以减少假阳性匹配结果，从而节省时间。

空间匹配模板和时间匹配模板的计算，得到了三个大小为 $H \times W$ 的距离分数矩阵 Q、S 和 L。部分匹配方式可以得到准确的结果，但也带来了更多的背景噪声。为了更准确地分割结果，对这三个距离分数矩阵应用 softmax 函数，得到最佳的得分矩阵，输入解码器。

7.3.2.3　特征解码和预测

解码器采用与现有方法相同的结构，首先采用 3×3 卷积层将时序聚合特征通道维度压缩至 256，然后经过 DCN 层、残差模块和解码模块的处理，最后用 softmax 激活函数对 3×3 的卷积层进行归一化，得到单一通道的分割图，上采样到原始尺度作为预测结果。

使用二值交叉熵损失和 Dice 损失结合计算损失

$$\text{Loss} = L_{\text{seg}}(B_q, B_l) + L_{\text{seg}}(S_q, S_l) + L_{\text{dis}} \tag{7-20}$$

其中，L_{seg} 为结合二值交叉熵损失和 Dice 损失的损失函数，用于监督分割结果。L_{dis} 为路径损失函数。

$$L_{\text{seg}} = l(B_q, B_l) + l(S_q, S_l) + l(S_q^r, S_l) \tag{7-21}$$

$$L_{\text{distill}} = \max D - \min D \tag{7-22}$$

7.3.3　实验与分析

7.3.3.1　实验数据

实验使用的数据集共有 3 个，卫星视频多任务数据集 SAT-MTB 中包含的卫星视频多目标分割数据子集、DAVIS2017 和 YouTube-VOS，DAVIS2017 是视频多目标分割领域最经典、使用最广泛的数据集，YouTube-VOS 是视频多目标分割领域规模最大的数据集。

卫星视频多目标分割数据子集是从 SAT-MTB 中挑选出了飞机和舰船的部分目标，去除语义和实例标签，进行二值化处理。在每个卫星视频序列中都有多个标注实例，如图 7-15 所示。为了防止过拟合以及保证数据集的内容丰富性，SAT-MTB 中的多目标分割子集包含了飞机和舰船两类目标，共 16 段视频序列，并按照训练和测试数据约为 3:1 的比例划分。训练集包括 7 段飞机视频序列和 5 段舰船视频序列，共计 12 段视频序列，测试集包括 3 段飞机视频序列和 1 段舰船视频序列，共计 4 段视频序列。每段视频序列约为 140 帧，总计约 2240 帧，标注约 7364 个目标。SAT-MTB 中的多目标分割子集具体情况如表 7-9 所示，数据标注示例如图 7-15 所示，蓝色边框为原始图像，红色边框为标注结果。图 7-15(a)是飞机类别的一个示例，图 7-15(b)是舰船类别的一个示例。

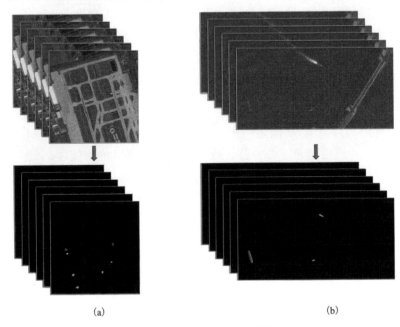

(a)　　　　　　　　　　　　　　　　　　(b)

图 7-15　实验数据示例图

表 7-9　卫星视频多任务数据集 SAT-MTB 中包含卫星视频多目标分割数据子集

类别	训练集		测试集	
	飞机	舰船	飞机	舰船
视频数量/个	7	5	3	1
视频帧数量/个	980	700	420	140
平均每帧标注实例个数/个	4.3	2.1	3	3

DAVIS2017 包含 60 个训练集视频、30 个验证集视频和 30 个测试开发集视频，每个视频为 24FPS，所有帧都有标注。YouTube-VOS 是 VOS 最大的数据集，训练集中包含 3471 个视频，验证集中包含 474 个视频，所有视频均为 30FPS，每 5 帧标注一次。

7.3.3.2　对比实验

表 7-10 列出了本节提出方法与几个代表性方法在不同数据集上的定量比较。表 7-11 列出了不同方法在不同数据集上的推理速度，本节提出方法保证了有竞争力的推理速度，同时也具有更优的性能。

表 7-12 展示了本节提出方法在卫星视频数据集中对不同类别目标进行分割的精度评价，可以看出，本节提出方法对于飞机的分割精度略高于舰船这一类别，这是因为舰船这一类别的视频序列，目标与背景的像素数量比较相差更大，但在飞机这类目标上 $\mathcal{J}\&\mathcal{F}$-mean 达到了 67.9%，在舰船这类目标上 $\mathcal{J}\&\mathcal{F}$-mean 达到了 56.9%，相较于其他方法，均有明显的提升，这可以证明本节提出方法在卫星视频的飞机和舰船多目标分割上实现了有效且稳定的分割。

表 7-10 对 SAT-MTB 中多目标分割子集、DAVIS2017 和 YouTube-VOS 数据集进行精度评价

	SAT-MTB 中多目标分割子集			DAVIS2017			YouTube-VOS		
	$\mathcal{J}$-mean /%	$\mathcal{F}$-mean /%	$\mathcal{J}\&\mathcal{F}$-mean/%	$\mathcal{J}$-mean /%	$\mathcal{F}$-mean /%	$\mathcal{J}\&\mathcal{F}$-mean/%	$\mathcal{J}$-mean /%	$\mathcal{F}$-mean /%	$\mathcal{J}\&\mathcal{F}$-mean/%
FEELVOS	44.6	59.5	52	65.9	72.3	69.1	82.1	—	
OSVOS	38.3	61.1	49.7	59.2	60.3	59.8	—	—	
RANet	47.9	56.2	52	79.7	83.4	81.6	—	—	
STCNN	49.3	56.6	53	78.3	83.9	78.9	72.3	79.5	78.1
STM	41.1	54.8	48	75.4	72.6	74	—	—	
KMN	48.7	63.8	56.2	74.2	77.8	76	75.3	83.3	79.3
AOT	52.5	61	56.8	67.4	79.3	73.4	79	84.8	84.4
Cutie	49.3	59.5	52.6	71.7	80.1	75.4	—	—	76.6
Cor-VOS	47.9	60.2	53.1	66.3	77.9	77.1	—	—	73.9
提出方法	**60.1**	**74.7**	**67.4**	**80.6**	**85.4**	**83**	**79.5**	**79.9**	**79.7**

表 7-11 使用 FPS 指标在 SAT-MTB 中多目标分割子集、DAVIS2017 和

YouTube-VOS 数据集上对不同方法进行速度评价

	SAT-MTB 中多目标分割子集	DAVIS2017	YouTube-VOS
OSVOS	1.2	2.7	—
RANet	0.3	0.5	—
KMN	2.5	4.2	3.1
AOT	11.3	12.1	9.3
提出方法	**8.3**	**10.6**	**8.8**

表 7-12 对 SAT-MTB 中多目标分割子集中的不同类别评估结果

	飞机			舰船			全部		
	$\mathcal{J}$-mean /%	$\mathcal{F}$-mean /%	$\mathcal{J}\&\mathcal{F}$-mean/%	$\mathcal{J}$-mean /%	$\mathcal{F}$-mean /%	$\mathcal{J}\&\mathcal{F}$-mean/%	$\mathcal{J}$-mean /%	$\mathcal{F}$-mean /%	$\mathcal{J}\&\mathcal{F}$-mean/%
FEELVOS	42.2	45.9	44.1	46.9	63.1	45	44.6	59.5	52
OSVOS	36.8	67.8	52.3	39.7	54.4	37.1	38.3	61.1	49.7

续表

	飞机			舰船			全部		
	$\mathcal{J}$-mean/%	$\mathcal{F}$-mean/%	$\mathcal{J}$ & $\mathcal{F}$-mean/%	$\mathcal{J}$-mean/%	$\mathcal{F}$-mean/%	$\mathcal{J}$ & $\mathcal{F}$-mean/%	$\mathcal{J}$-mean/%	$\mathcal{F}$-mean/%	$\mathcal{J}$ & $\mathcal{F}$-mean/%
RANet	47.2	52.4	49.8	48.5	69.9	49.2	47.9	56.2	52
STCNN	43.5	51.3	47.4	55.1	71.8	53.5	49.3	56.6	53
STM	41.2	53.6	47.4	41	65.9	43.5	41.1	54.8	48
KMN	48.2	66.8	57.5	49.1	63.6	56.4	48.7	63.8	56.2
AOT	51.3	55.5	53.4	53.7	73.5	53.6	52.5	61	56.8
Cutie	47.2	63.4	55.3	48.2	70.3	59.3	50.3	59.2	54.8
Cor-VOS	49.6	62.5	56.1	49	68.4	58.7	51.5	60.3	55.9
提出方法	**62.6**	**73.1**	**67.9**	**57.6**	**76.2**	**56.9**	**60.1**	**74.7**	**67.4**

使用卫星视频多目标分割数据集对本节提出方法进行了实验，基于图像分割的方法 SCNet[34]、Mask R-CNN[16]、YOLACT[35]和 QueryInst[36]的定量评价结果如表 7-13 所示。YOLACT 的分割效率很高，但分割精度很低，基本无效。因此，在综合评估中，与视频多目标分割方法相比，本节提出方法也保持了较高的分割性能。图 7-16 中展示了速度和精度的综合评定结果，可以看出本节提出方法在速度和精度的平衡上实现了最优的性能。

表 7-13 不同图像分割方法基于 SAT-MTB 中多目标分割子集进行精度评价

	$\mathcal{J}$-mean/%	$\mathcal{F}$-mean/%	$\mathcal{J}$ & $\mathcal{F}$-mean/%	速度/FPS
SCNet	52.3	64.9	58.6	5.2
Mask R-CNN	46.8	60.1	53.45	7.6
YOLACT	20.3	51.8	36.05	8.8
QueryInst	23.7	49.2	36.45	4.7
提出方法	**60.1**	**74.7**	**67.4**	**8.3**

在图 7-17 和图 7-18 中，提出方法与定量结果中显示性能较好的 AOT、KMN[24]和 STCNN 进行了定性比较，图 7-17 和图 7-18(a)~(f)分别表示了飞机和舰船目标的原始图像、真值以及提出方法、AOT、KMN 和 STM 的定性分割结果。图 7-19(a)~(e)分别表示了飞机和舰船目标的原始图像以及 BSVOS、AOT、KMN 和 STM 的定性分割结果。可以看到，提出方法可以实现对卫星视频序列稳定、准确的分割。

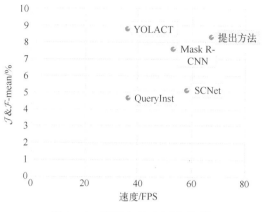

图 7-16　速度和精度评定结果

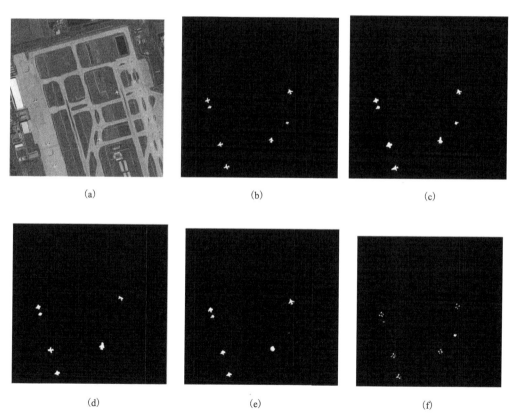

图 7-17　测试集中一段飞机视频序列第 50 帧的分割结果

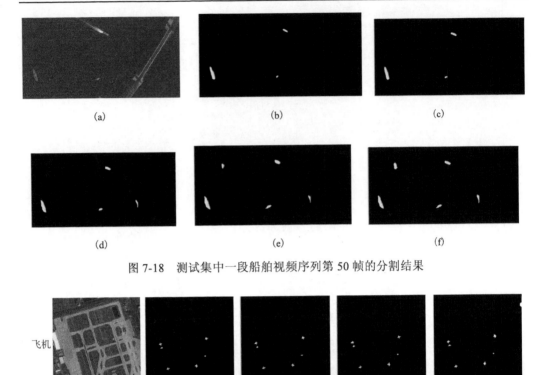

(a)   (b)   (c)

(d)   (e)   (f)

图 7-18   测试集中一段船舶视频序列第 50 帧的分割结果

飞机

舰船

(a)   (b)   (c)   (d)   (e)

图 7-19   定性展示消融实验的分段结果

参 考 文 献

[1] Zhou T, Porikli F, Crandall D J, et al. A survey on deep learning technique for video segmentation. IEEE Transactions on Pattern Analysis and Machine Intelligence, 2022, 45(6): 99-122.

[2] He Z, Chow C Y, Zhang J D. STCNN: a spatio-temporal convolutional neural network for long-term traffic prediction//20th IEEE International Conference on Mobile Data Management (MDM), Hong Kong, 2019.

[3] Badrinarayanan V, Budvytis I, Cipolla R. Semi-supervised video segmentation using tree structured graphical models. IEEE Transactions on Pattern Analysis and Machine Intelligence, 2013, 35(11): 2751-2764.

[4] Song H, Wang W, Zhao S, et al. Pyramid dilated deeper convlstm for video salient object detection//Proceedings of the European Conference on Computer Vision (ECCV), Munich, 2018.

[5] Sukhbaatar S, Weston J, Fergus R. End-to-end memory networks//Advances in Neural Information Processing Systems, Montreal, 2015.

[6] Lu X, Wang W, Ma C, et al. See more, know more: unsupervised video object segmentation with co-attention siamese networks//Proceedings of the IEEE/CVF Conference on Computer Vision and Pattern Recognition, Long Beach, 2019.

[7] Yang Z, Wang Q, Bertinetto L, et al. Anchor diffusion for unsupervised video object segmentation//Proceedings of the IEEE/CVF International Conference on Computer Vision, Seoul, 2019.

[8] Felsen G, Touryan J, Dan Y. Contextual modulation of orientation tuning contributes to efficient processing of natural stimuli. Network: Computation in Neural Systems, 2005, 16(2-3): 139-149.

[9] Waqas Z S, Arora A, Gupta A, et al. Isaid: a large-scale dataset for instance segmentation in aerial images//Proceedings of the IEEE/CVF Conference on Computer Vision and Pattern Recognition Workshops, Long Beach, 2019.

[10] Perazzi F, Pont-Tuset J, McWilliams B, et al. A benchmark dataset and evaluation methodology for video object segmentation//Proceedings of the IEEE Conference on Computer Vision and Pattern Recognition, Las Vegas, 2016.

[11] Caelles S, Maninis K K, Pont-Tuset J, et al. One-shot video object segmentation//Proceedings of the IEEE Conference on Computer Vision and Pattern Recognition, Hawaii, 2017.

[12] Voigtlaender P, Leibe B. Online adaptation of convolutional neural networks for video object segmentation. arXiv Preprint, 2017.

[13] Li F, Kim T, Humayun A, et al. Video segmentation by tracking many figure-ground segments//Proceedings of the IEEE International Conference on Computer Vision, Sydney, 2013.

[14] Ochs P, Malik J, Brox T. Segmentation of moving objects by long term video analysis. IEEE Transactions on Pattern Analysis and Machine Intelligence, 2013, 36(6): 187-200.

[15] He K, Gkioxari G, Dollár P, et al. Mask R-CNN//Prceedings of the IEEE International Conference on Computer Vision, Venice, 2017.

[16] Shin Y J, Rameau F, Kim J, et al. Pixel-level matching for video object segmentation using convolutional neural networks//Proceedings of the IEEE International Conference on Computer Vision, Venice, 2017.

[17] Oh S W, Lee J Y, Xu N, et al. Video object segmentation using space-time memory networks//Proceedings of the IEEE/CVF International Conference on Computer Vision, Seoul, 2019.

[18] Wang Q. Fast online object tracking and segmentation: a unifying approach//Proceedings of the

IEEE Conference on Computer Vision and Pattern Recognition, Long Beach, 2019.

[19] Wang Z, Xu J, Liu L, et al. RANet: ranking attention network for fast video object segmentation//Proceedings of the IEEE/CVF International Conference on Computer Vision, Seoul, 2019.

[20] Oh S W, Lee J Y, Xu N, et al. Fast user-guided video object segmentation by interaction-and-propagation networks//Proceedings of the IEEE/CVF Conference on Computer Vision and Pattern Recognition, Long Beach, 2019.

[21] Banica D. Video object segmentation by salient segment chain composition//Proceedings of the IEEE International Conference on Computer Vision Workshops, Sydney, 2013.

[22] Chen Y, Pont-Tuset J, Montes A, et al. Blazingly fast video object segmentation with pixel-wise metric learning//Proceedings of the IEEE Conference on Computer Vision and Pattern Recognition, Salt Lake City, 2018.

[23] Zhong Y, Shu M, Liu Z, et al. Spatio-temporal dual-branch network with predictive feature learning for satellite video object segmentation. IEEE Transactions on Geoscience and Remote Sensing, 2022, 60: 1-5.

[24] 寇珑璇. 基于上下文信息的光学卫星视频目标分割方法研究. 北京: 中国科学院大学, 2024.

[25] Wang T, Hong J, Han Y, et al. AOSVSSNet: attention-guided optical satellite video smoke segmentation network. IEEE Journal of Selected Topics in Applied Earth Observations and Remote Sensing, 2022, 15: 8552-8566.

[26] Lukezic A, Matas J, Kristan M. D3S: a discriminative single shot segmentation tracker//Proceedings of the IEEE/CVF Conference on Computer Vision and Pattern Recognition, 2020.

[27] Ventura C, Bellver M, Girbau A, et al. RVOS: end-to-end recurrent network for video object segmentation//Proceedings of the IEEE/CVF Conference on Computer Vision and Pattern Recognition, Long Beach, 2019.

[28] Park K, Woo S, Oh S W, et al. Per-clip video object segmentation//Proceedings of the IEEE/CVF Conference on Computer Vision and Pattern Recognition, New Orleans, 2022.

[29] Yang Z, Wei Y, Yang Y. Associating objects with transformers for video object segmentation//Advances in Neural Information Processing Systems, San Diego, 2021.

[30] Li X, Liu S, de Mello S, et al. Joint-task self-supervised learning for temporal correspondence//Advances Neural Information. Processing, Vancouver, 2019.

[31] Perazzi F, Khoreva A, Benenson R, et al. Learning video object segmentation from static images//Proceedings of the IEEE Conference on Computer Vision and Pattern Recognition, Hawaii, 2017.

[32] Chen X, Li Z, Yuan Y, et al. State-aware tracker for real-time video object

segmentation//Proceedings of the IEEE/CVF Conference on Computer Vision and Pattern Recognition, 2020.

[33] Kou L, Li S, Yang J, et al. Bsvos: background interference Supperession strategy for satellite video multi-object segmentation. IEEE Journal of Selected Topics in Applied Earth Observations and Remote Sensing, 2024.

[34] Vu T, Kang H, Yoo C D. SCNet: training inference sample consistency for instance segmentation//Proceedings of the AAAI Conference on Artificial Intelligence, 2021.

[35] Bolya D, Zhou C, Xiao F, et al. YOLACT: real-time instance segmentation//Proceedings of the IEEE/CVF International Conference on Computer Vision, Seoul, 2019.

[36] Fang Y, Yang S, Wang X, et al. Instances as queries//Proceedings of the IEEE/CVF International Conference on Computer Vision, Montreal, 2021.

第 8 章　视频超分辨率

8.1　背景介绍

8.1.1　任务简介

超分辨率(Super-Resolution，SR)是计算机视觉领域一个经典的底层任务，其利用低分辨率图像重建出高分辨率图像，达到改善图像质量的目的。超分辨率可以表述为以输入图像为条件的分布估计问题[1]。视频超分辨率指对视频中的每一帧图像进行超分，其对图像的连贯性提出了要求。由于传感器等硬件限制，卫星视频的空间分辨率和图像质量相比遥感图像更低，并且其拥有大得多的数据量，传输无损数据对通信带宽要求很高。卫星视频超分辨率可以改善卫星视频的图像质量，可以在卫星视频目标检测、卫星视频目标追踪等任务上取得更好的效果，也可以用于数据的压缩还原，节省传输带宽。

8.1.2　方法概述

根据所利用的图像数量，超分辨率可以分为单帧图像超分(Single Image Super-Resolution，SISR)和多帧图像超分(Multiple Image Super-Resolution，MISR)，其中 SISR 历史最为悠久，方法上可以分为基于预测的方法、基于边缘的方法、基于统计的方法、基于块的方法和深度学习方法[2]。大多数算法都依赖于数据驱动的深度学习模型来重建精确超分辨率所需的细节，其直接从数据中自动学习输入和输出之间的关系，性能已超越其他传统方法[3]。MISR 利用多帧图像进行信息融合来重建出一幅图像，通常可以实现更高的重建精度[4]。

视频超分辨率(Video Super-Resolution，VSR)要求对视频中的每一帧图像进行超分辨率处理，并且对图像的连贯性提出了要求。从广义上讲，VSR 可以看成是图像 SR 的延伸，可以使用 SISR 算法逐帧处理。但实际上使用图像 SR 算法对视频进行处理的效果很难令人满意，因为它可能会带来伪影和卡顿，从而导致时间不连贯[5]，因此大多数 VSR 方法都基于 MISR 进行设计。视频拥有更丰富的信息，通过利用这些冗余的信息，VSR 比单纯的图像 SR 有更高的上限，但视频相比图像多出一个时间维度，所以针对其设计超分算法有更大的挑战性。为了更好地利用这些时序上的信息，研究者们往往会引入帧间的对齐来消除视频中物体或背景移动带来的影响，通常采用的对齐方法有基于光流的运动估计、可变形卷积等。此外还有许多方法不进行对齐，与对齐的方法相比，非对齐的方法往往采用 3D 卷积或 Non-Local 网络来直接提取和融合特征。

VSR 方法主要包括传统方法和基于深度学习的方法。Schultz 等人[6]提出了一种基于运动补偿子采样的新型观测模型，通过仿射模型进行估计运动。Liu 等人[7]提出了一种贝叶斯方法，通过同时估计运动、模糊核和噪声水平来实现自适应视频超分辨率。Ma 等人[8]提出了一个基于期望-极大化迭代（Expectation-Maximization，EM）的框架来指导残差模糊估计和高分辨率图像重建。但这些传统方法的效果依然很难令人满意，目前已基本被深度学习的方法取代。

自 SRCNN（Super-Resolution Using Deep Convolutional Networks）[9]首次将深度学习用于超分辨率领域后，出现了大量基于深度学习的图像和视频超分辨率方法，卷积神经网络、对抗生成网络、循环神经网络等被广泛用于超分辨率，这些方法大体上可以分为非对齐的方法和对齐的方法两类。非对齐的代表方法有 DUF（Dynamic Upsampling Filters）[10]，其能够学习输出动态上采样滤波器和残差，保证了重建图像的时间一致性。此外 RBPN（Recurrent Back-Projection Network）[11]使用递归编码器-解码器模块整合连续视频帧的空间和时间背景，将多帧信息融合进传统的 SISR 中。对齐的代表方法有 TDAN（Temporally-Deformable Alignment Network）[12]，其首次将 DCN（Deformable ConvNets）引入到视频的超分辨率中为目标帧和相邻帧计算偏移量，根据偏移量对相邻帧进行扭曲，使其与目标帧对齐。EDVR（Video Restoration with Enhanced Deformable Convolutional Network）[13]则更进一步以多尺度的方式调用 DCN，实现了更精确的对齐。Chan 等人提出的 BasicVSR 和 IconVSR[14]则以一个更简洁的网络，在速度和重建质量上都取得了进步，并提出将视频超分辨率划分为传播、对齐、聚合和上采样 4 个步骤。之后的 BasicVSR++[15]通过增强传播和对齐操作在性能上再次得到了提高。

卫星视频超分辨率技术目前还处于起步阶段，但研究者们已经提出了很多基于深度学习的方法。采用 DCN 进行对齐是卫星视频超分中很常见的操作，Zhang 等人[16]最早利用了卫星视频的多帧图像进行超分辨率，它采用了一个单帧和多帧组合的网络，其中多帧网络来自经典的通用视频超分网络 EDVR，其利用了 DCN 进行特征对齐。Ni 等人[17]提出的方法同样采用 DCN 进行对齐，并提出了尺度自适应特征提取模块以及一个能实现任意放大倍数的上采样模块。Xiao 等人[18]提出了新型的时间分组投影融合策略以及基于 DCN 的多尺度残差对齐模块，该作者的另一个工作[19]还在一个网络中同时实现对时间和空间的超分辨率，通过耦合光流和多尺度可变形卷积来预测未知帧。He 等人[20]的方法则使用光流法进行对齐，其图像先上采样后再经过基于注意力的残差网络得到最终高分辨图像。另外还有采用双流网络的方法，Liu 等人[21]的方法有两个子网络，一个分支预测高分辨图像，一个分支预测模糊核，并由跨任务特征融合模块耦合，其对齐方式是基于特征空间的补丁匹配，比使用光流更加稳定。Shen 等人[22]提出的方法在 EDVR 的基础上增加了一个边缘分支，该分支将同时预测高分辨率的边缘图，并在网络最后融合两个分支的特征。

He 等人[23]还提出了非对齐的卫星视频超分方法，其直接使用 3D 卷积进行特征提取和融合。He 等人[24]将退化模型的目标函数分割成两个子优化问题，并首次提出融合深度学习和基于模型的方法对卫星视频进行超分辨率。

除此之外，卫星视频超分辨率领域还有采用无监督学习的方法[25]，它由一个下采样网络和一个上采样网络构成，不需要获得低分辨率-高分辨率(Low-Resolution High-Resolution，LR-HR)训练对。Wang 等人[26]则将生成对抗网络运用到卫星视频超分中，并引入了一个注意力模块以提高生成能力。

8.1.3　应用场景

卫星视频超分辨率技术在空间对地观测领域扮演着至关重要的角色，它使得从卫星捕获的视频数据能够以更高的清晰度呈现地面特征，从而为农业监测、城市规划、环境评估和自然资源管理提供更加精确的信息。例如，在农业领域，超分辨率技术可以帮助专家更清晰地识别作物类型，监测作物生长状况和病虫害发生，进而指导精准农业实践。

在城市规划和土地利用分析中，超分辨率卫星视频能够提供更细致的城市结构和地形地貌视图，有助于规划者更好地理解城市扩张、交通网络和绿色空间分布。此外，在环境监测方面，该技术能够揭示更小尺度的环境变化，如水质污染、森林砍伐和野生动物栖息地变化，为环境保护和生态研究提供支持。

在紧急响应和灾害管理中，超分辨率卫星视频对于快速评估灾害影响、指导救援行动和监测灾后恢复过程至关重要，它能够提供受灾区域的高清晰度图像，帮助救援团队识别受损基础设施和受影响的居民区，从而更有效地分配资源和制定救援计划。

此外，超分辨率技术在国防和安全领域也有广泛应用，如边境监控、热点区域信息收集，提供更清晰的地面活动和设施图像，增强态势感知和决策能力。

卫星视频超分辨率技术通过提供更高质量的图像数据，极大地扩展了卫星视频在多个领域的应用潜力，为决策者提供了更为精确和可靠的信息资源。

8.2　基于轻量级循环集成网络的视频超分辨率方法

8.2.1　问题分析

卫星视频和普通视频相比，首先，卫星视频空间分辨率更低，图像的纹理信息更加缺乏；其次，卫星视频的视野范围远大于普通视频，信息覆盖内容更多；再次，卫星视频中运动目标的尺度和速度差异大，这些都给超分带来了更多的挑战。尽管最近几年基于深度学习的视频超分辨率取得了很大的发展，但这些通用的方法并不适合直接用于卫星视频。卫星视频由于场景更为固定，每帧图像之间差异较小，所以针对该场景可以利用的有效信息更多。充分利用视频的多帧信息是卫星视频超分辨率的关键，此前的卫星视频超分辨率方法大多利用目标帧及相邻的 2～6 帧图像融合重建出一幅高分辨率图像，没有利用到更多帧的信息，而这些方法单纯地增加帧数会显著增加计算量，很难利用更多的信息。

时序上相邻的图像帧特征对齐也是卫星视频超分辨率的一个重点。卫星视频由于目标的移动，以及由于卫星本身运动带来的视角变化，直接进行融合会引入误差，反而会造成效果下降，因此目前的大多数方法都引入了对齐操作，其有助于准确查找相邻帧中缺失的信息。对齐操作有图像层面的对齐和特征层面的对齐两类，图像对齐通常采用光流法，其对尺寸不大的运动目标有较好的效果，但对于背景移动等大范围的变化效果不佳；特征对齐现在通常采用DCN[27]，并且取得了很好的效果[12]，但 DCN 的训练不稳定[28]。卫星视频同时具备地面物体的移动和背景的移动，其运动特征更加不明显，不管是光流还是 DCN 都不适合直接应用于卫星视频。

尽管 SVSR 引入了对齐操作，但对齐的误差是无法消除的，同时由于目标运动在时序上对不同区域的遮挡，会造成相关区域信息的缺失，直接进行多帧信息的融合效果不佳，甚至可能融入错误信息造成效果下降[29]。另外，目前的许多超分辨率方法使用了参数量很大的神经网络，让神经网络记忆低分辨率到高分辨率的映射方式，使得计算复杂度很高，也没有充分利用视频的优势，对现有信息的利用还有待加强。

针对卫星视频相邻帧对齐困难和序列信息利用率低的问题，作者团队于 2023 年在 *IEEE Journal of Selected Topics in Applied Earth Observations and Remote Sensing* 发布了基于轻量级循环集成网络的视频超分辨率方法[30]。

8.2.2 方法原理

图 8-1 展示了基于轻量级循环集成网络的视频超分辨率方法 (Recurrent Aggregation network for Satellite Video Super-Resolution，RASVSR) 的整体架构，它是一个双向循环神经网络，由三个主要的部分构成：由残差网络[31]构成的特征提取部分；由对齐模块、残差网络和时序信息融合 (Temporal Feature Fusion，TFF) 模块构成的信息传播和集成部分；用于输出高分辨率图像的重建部分。

特征提取部分由五个相同构造的残差块构成，每个残差块包含两个 3×3 的卷积层和一个 ReLU 激活函数，其中并未包含 BN 层。在这一部分只提取了较浅层的特征，并且没有进行下采样。该特征图记为

$$f_t^1 = \mathrm{RB}_5(x_t) \tag{8-1}$$

其中，t 表示视频序列中的第 t 帧，RB_5 表示 5 个残差块，提取到的特征图为 $f_t^1 \in \mathbf{R}^{C \times H \times W}$，$C = 64$。

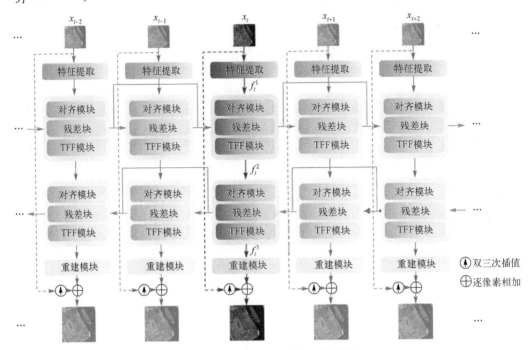

图 8-1　RASVSR 的总体网络结构

信息传播和集成部分有两个阶段，一个阶段沿着时间正向传递信息，另一个阶段逆向传递信息，这样可以使得每一帧的感受野都扩大到整个序列。在这个阶段同样没有下采样，正向和逆向得到的特征图分别为 $f_t^2, f_t^3 \in \mathbf{R}^{C \times H \times W}$。同时，也采用了二阶的传播，也就是说 f_t^2、f_t^3 都会向前或向后传递两次。图 8-2 展示了该部分逆向传递阶段的具体构造及信息流，正向传递阶段类似。首先，残差块用来进一步提取特征，逆向阶段为

$$f_t^{3'} = \mathrm{RB}_7(C(f_t^1, f_t^2)) \tag{8-2}$$

其中，C 表示通道维度的拼接操作，拼接后其输入通道数为 128，正向传播阶段则没有拼接，输出的特征图均为 64 通道，对于正向传播阶段则为

$$f_t^{2'} = \mathrm{RB}_7(f_t^1) \tag{8-3}$$

除此之外，正向与逆向的网络结构均相同，后续均以逆向为例。逆向传播时 $t+1$ 和 $t+2$ 的特征对齐后得到 $f_{t_{\mathrm{align}}}^3 \in \mathbf{R}^{C \times H \times W}$

$$f_{t_{\text{align}}}^3 = \text{Align}(f_{t+1}^3, f_{t+2}^3) \tag{8-4}$$

其中，Align 表示对齐操作。最后经过 TFF 模块融合特征后得到该阶段的最终特征图

$$f_t^3 = \text{TFF}(f_t^{3'}, f_{t_{\text{align}}}^3) \tag{8-5}$$

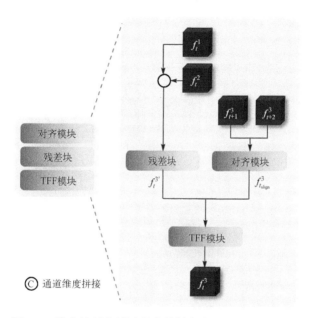

图 8-2　逆向特征传播过程中传播和聚合部分的数据流

在重建部分，特征图 f_t^1、f_t^2 和 f_t^3 都用来通过卷积和像素混洗重建高分辨率图像，使用两次像素混洗来实现四倍的超分辨率。

(1) 时间特征融合模块。

RASVSR 的性能提升很大程度上依赖于特征融合层面的改进。不同于此前其他同样采用 RNN 的视频超分辨率方法[14,15,29,32]，这里提出了一个基于时间和空间注意力的特征融合机制，以发挥 RNN 在特征传播中的优势。由于卫星视频中的遮挡、运动模糊、视角变化和光照变化等造成的影响，即使是对齐后直接进行简单的特征融合效果也不佳。由注意力机制重新分配的权重可以帮助网络提取重点的信息并削减错误的信息，从而可以实现对更长序列的有效利用。

TFF 模块的具体结构如图 8-3 所示，首先在时间维度上引入了注意力机制。对于当前帧提取到的特征图 $f_t^{3'}$ 和后续帧对齐后的特征图 $f_{t_{\text{align}}}^3$，先计算其通过卷积嵌入后的相似度距离

$$d(f_t^{3'}, f_{t_{\text{align}}}^3) = \text{Sigmoid}(\text{Conv}_1(f_t^{3'}) \otimes \text{Conv}_2(f_{t_{\text{align}}}^3)) \tag{8-6}$$

其中，Conv 表示卷积操作，⊗ 表示点乘。之后再把对齐后的特征图与相似度距离进行逐像素相乘，并通过一个卷积层得到最终经过时间注意力处理的特征图

$$f_{t_{a1}}^3 = \mathrm{Conv}_3(f_{t_{\mathrm{align}}}^3 \odot d(f_t^{3'}, f_{t_{\mathrm{align}}}^3)) \tag{8-7}$$

其中，⊙ 表示逐像素相乘。

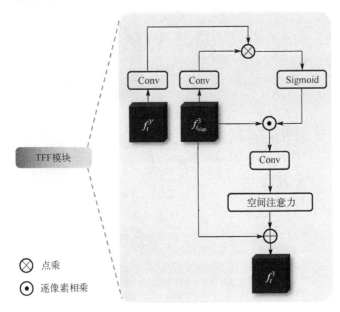

图 8-3　TFF 模块结构

对融合后的特征 $f_{t_{a1}}^3$ 还使用了空间注意力进行了处理，空间注意力的构造与文献[33]相同，其能够增强纹理等信息。最后得到的特征图为

$$f_t^3 = \mathrm{SA}(f_{t_{a1}}^3) + f_{t_{\mathrm{align}}}^3 \tag{8-8}$$

其中，SA 表示空间注意力操作。

（2）对齐模块。

对齐对 VSR 非常重要，RASVSR 在特征层面进行了对齐操作，并同时使用了光流法和 DCN 两种方法。RASVSR 使用了一个非常轻量的深度学习方法 SpyNet[34]来计算光流，光流网络用于计算 RGB 图像上的偏移量，用 $O_{t+1 \to t}$ 表示 $t+1$ 帧到 t 帧的光流图，为减小计算量，RASVSR 只计算相邻两帧的光流图，二阶的光流图如 $O_{t+2 \to t}$ 则由一阶光流图矫正得到。

但光流图并不直接用于矫正图像或特征，而是辅助 DCN 进行特征的对齐，这里使用的 DCN 为 DCNv2[35]。如图 8-4 所示，它的偏移量是由光流和矫正后的特征图计算残差相加得到。光流首先用来预先对齐一阶和二阶传播的特征图

$$\widehat{f_{t+1}^3} = W(f_{t+1}^3, O_{t+1 \to t}) \tag{8-9}$$

$$\widehat{f_{t+2}^3} = W(f_{t+2}^3, O_{t+2 \to t}) \tag{8-10}$$

其中，W 表示矫正操作。为了减小计算量，一阶和二阶特征的对齐操作同时进行，通过在通道维度拼接实现。预先对齐后的特征图通过卷积计算光流的残差和 DCN 的掩膜，因此 DCN 的偏移量和掩膜分别为

$$p_o = C(O_{t+1 \to t}, O_{t+2 \to t}) + \mathrm{Conv}_o(C(f_t^1, \widehat{f_{t+1}^3}, \widehat{f_{t+2}^3})) \tag{8-11}$$

$$p_m = \mathrm{Conv}_m(C(f_t^1, \widehat{f_{t+1}^3}, \widehat{f_{t+2}^3})) \tag{8-12}$$

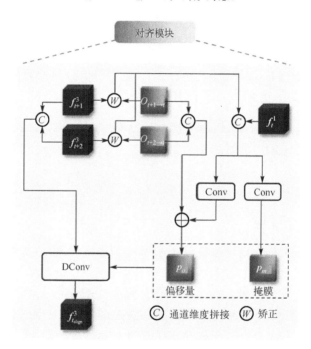

图 8-4　校准模块结构

最终，通过 DCN 获取了对齐的特征

$$f_{t_{\mathrm{align}}}^3 = \mathrm{DConv}(C(f_{t+1}^3, f_{t+2}^3) \mid p_o, p_m) \tag{8-13}$$

这里的 DConv 是具有 128 个输入通道和 64 个输出通道的 DCN 操作。

（3）重建模块。

重建部分利用特征图 f_t^1、f_t^2 和 f_t^3。首先，串联三个特征图，然后通过残差块进一步融合和提取，以获得最终的特征

$$f_t = \mathrm{RB}_5(C(f_t^1, f_t^2, f_t^3)) \tag{8-14}$$

其中，$f_t \in \mathbf{R}^{C \times H \times W}$ 保持在 64 个通道。然后，通过两次卷积和两次像素混洗操作，通道数增加，尺寸扩大。

$$f_{t(\mathrm{HR})} = \mathrm{PS}(\mathrm{Conv}_{\mathrm{R2}}(\mathrm{PS}(\mathrm{Conv}_{\mathrm{R1}}(f_t)))) \tag{8-15}$$

其中，PS 表示像素混洗操作。卷积会使通道数翻倍，像素混洗操作会将通道数减半并将特征图大小翻倍。最后，进行两次额外的卷积，以获得通道数为 3 的高分辨率图像残差 $\overline{y}_t$。除了最后一个卷积外，这里的所有卷积都使用了 Leaky ReLU 激活函数。第 t 帧的最终预测高分辨率图像 $\hat{y}_t$ 为

$$\hat{y}_t = \overline{y}_t + \mathrm{Bicubic}(x_t) \tag{8-16}$$

其中，Bicubic 表示双三次插值。原始图像经过 4 倍插值以提高分辨率，然后与残差图像 $\overline{y}_t$ 相加，得到最终的预测图像。

(4) 损失函数。

选择 Charbonnier Loss[36] 作为损失函数，它可以更好地处理异常值，并在 SR 任务中表现得比 L2 损失更好[37]。其计算公式为

$$L(y_t, \hat{y}_t) = \sqrt{|y_t - \hat{y}_t|^2 + \epsilon^2} \tag{8-17}$$

其中，y_t 是高分辨率图像的真实值，ϵ 是一个常数，设置为 10^{-6}。

8.2.3　实验与分析

8.2.3.1　评估数据集

使用吉林一号的原始视频制作一个卫星视频数据集 SAT-MTB-VSR，其是卫星视频多任务数据集 SAT-MTB[38] 的子集。该数据集由 18 段吉林一号视频卫星拍摄的视频裁剪而来，涵盖了城市、码头、机场、郊区、森林、沙漠等多种地形，分辨率约为 1m，并且视频包含动态场景，如运动的汽车、飞机、火车和舰船，以考验视频超分辨率方法对不同尺寸、不同速度的运动目标的处理能力。同时，由于卫星的运动，视频包含视角和光照变化。

本数据集裁剪出了 431 段视频，每段视频都为 100 帧连续的图像，其中 413 段作为训练集，18 段作为验证集，并且 18 段验证集全部来自不同的原始视频，图像的尺寸为 640 像素×640 像素。这些图像通过 Bicubic 插值 4 倍下采样得到 164 像素×160 像素的低分辨率图像，从而获得 LR-HR 训练对。

8.2.3.2　对比实验

将 RASVSR 方法与几个有代表性的 VSR 方法进行了对比，包括 EDVR、BasicVSR、IconVSR 和 BasicVSR++，结果如表 8-1 和图 8-5 所示，其中的运行时间

为在单张 NVIDIA Titan RTX 上处理 1 帧图像的时间。所有方法均在 SAT-MTB-VSR 数据集上重新训练，并在验证集上进行 4 倍超分辨率的测试。这些方法都是针对视频进行设计的，但超分辨率一幅图像利用的图像帧数不同，由于 BasicVSR、IconVSR 和 BasicVSR++同样是基于 RNN 的方法，所以也能利用整个视频序列的信息，而 EDVR 则只利用 5 帧图像，并且在每次处理图像时，其都需要重新提取相邻帧的特征，这样的重复提取特征大大增加了计算量。基于 RNN 的方法对每幅图像仅需提取一次特征，在速度上有很大的优势。

表 8-1　与其他方法的比较

	Bicubic	EDVR[13]	MSDTGP[18]	BasicVSR[14]	IconVSR[14]	BasicVSR++[39]	所提方法[40]
PSNR/dB	35.583	37.824	37.827	38.027	38.351	38.780	**39.930**
SSIM	0.9280	0.9533	0.9534	0.9535	0.9566	0.9607	**0.9670**
NIQE	7.7373	7.2666	7.1752	7.1126	7.0827	6.9408	**6.8273**
帧数/帧	1	5	5	100	100	100	100
参数量/M	—	20.6	14.2	6.3	8.7	7.3	**5.4**
时间/ms	—	233	332	**119**	127	136	126
年份	—	2019	2022	2021	2021	2022	2023

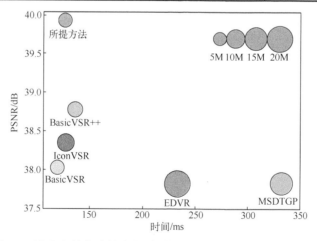

图 8-5　速度和性能比较（圆圈的大小表示这些模型的参数数量）

所提方法在 PSNR、SSIM 和 NIQE 三项指标上都达到了最佳，并且其参数量还是最少的，仅为 5.4 M。在 PSNR 上，所提方法比第二名的 BasicVSR++高出了 1.15dB，具有很大的优势。在速度上，所提方法处理 1 帧图像整个流程仅需 126ms，也具备一定的优势，仅比 BasicVSR 稍慢。图 8-6 提供了超分辨率后的图像对比，对于图 8-6(a)中的机场跑道，相比于其他方法，所提方法还原出的数字最为清晰和锐利，在图 8-6(b)中，所提方法最清晰和准确地还原了白色线条的区域，对图 8-6(c)中右下角和左上角的白色车辆，所提方法重建出的图像能够辨别不同的车辆的边界。

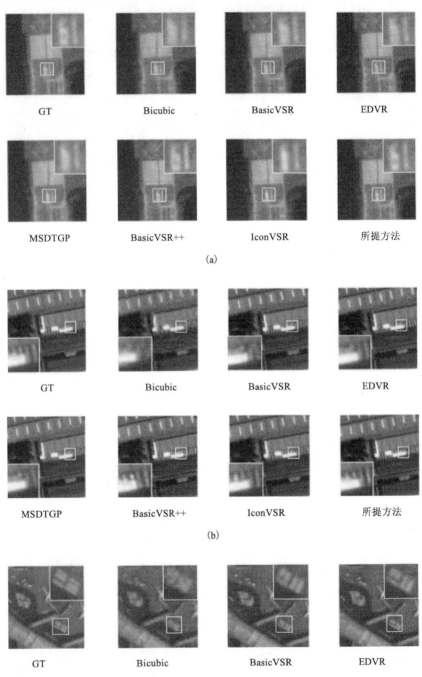

MSDTGP　　　　　　　　BasicVSR++　　　　　　　IconVSR　　　　　　　　所提方法

(c)

图 8-6　SAT-MTB-VSR 数据集上的测试结果可视化

　　所提方法在卫星视频的超分辨率上展示出了优越性能，但目前的大多数研究都是基于手工对图像下采样得到模拟的低分辨率图像，从而构建 LR-HR 训练对，不是真实世界的超分辨率。真实世界超分辨率也称为盲超分辨率，即对不知道退化方式的图像进行超分辨率，这是超分辨率领域的一个难点。本节也在所提方法上测试了真实世界超分辨率，直接将其用于未经过下采样的原始卫星视频。为了使网络学习到高分辨率的遥感信息，使用了 AID 数据集[39]对所提方法进行了预训练，这是一个分辨率更高的遥感图像数据集。研究发现，利用更高分辨率的遥感图像进行预训练可以小幅提高在真实世界超分辨率下的表现。得益于对视频信息更充分的利用，所提方法在真实世界超分辨率下也有着更好的表现，如图 8-7 所示，在停车场的场景下，所提方法得到的图像最平滑，颜色最干净，车辆的边界也更加清晰。尽管所提方法能够获取到视频上更多的信息，但其很难学到真实世界的图像退化方式，还有很大的进步空间。

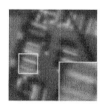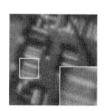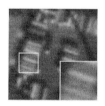

Bicubic　　　　　　　　　BasicVSR　　　　　　　　BasicVSR++

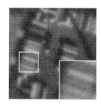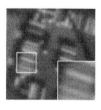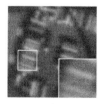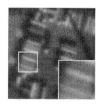

EDVR　　　　　　　　　MSDTGP　　　　　　　　IconVSR　　　　　　　　所提方法

图 8-7　真实世界实验的可视化

参 考 文 献

[1] Yoo J, Lee S H, Kwak N. Image restoration by estimating frequency distribution of local patches//Proceedings of the IEEE Conference on Computer Vision and Pattern Recognition, Salt Lake City, 2018.

[2] Yang C Y, Ma C, Yang M H. Single-image super-resolution: a benchmark// ECCV 2014: 13th European Conference, Zurich, 2014.

[3] Anwar S, Khan S, Barnes N. A deep journey into super-resolution: a survey. ACM Computing Surveys (CSUR), 2020, 53(3): 1-34.

[4] Kawulok M, Benecki P, Piechaczek S, et al. Deep learning for multiple-image super-resolution. IEEE Geoscience and Remote Sensing Letters, 2019, 17(6): 1062-1066.

[5] Liu H, Ruan Z, Zhao P, et al. Video super-resolution based on deep learning: a comprehensive survey. Artificial Intelligence Review, 2022, 55(8): 5981-6035.

[6] Schultz R R, Stevenson R L. Extraction of high-resolution frames from video sequences. IEEE Transactions on Image Processing, 1996, 5(6): 996-1011.

[7] Liu C, Sun D. On Bayesian adaptive video super resolution. IEEE Transactions on Pattern Analysis and Machine Intelligence, 2013, 36(2): 346-360.

[8] Ma Z, Liao R, Tao X, et al. Handling motion blur in multi-frame super-resolution//Proceedings of the IEEE Conference on Computer Vision and Pattern Recognition, Boston, 2015.

[9] Dong C, Loy C C, He K, et al. Learning a deep convolutional network for image super-resolution//ECCV 2014: 13th European Conference, Zurich, 2014.

[10] Jo Y, Oh S W, Kang J, et al. Deep video super-resolution network using dynamic upsampling filters without explicit motion compensation//Proceedings of the IEEE Conference on Computer Vision and Pattern Recognition, Salt Lake City, 2018.

[11] Haris M, Shakhnarovich G, Ukita N. Recurrent back-projection network for video super-resolution//Proceedings of the IEEE/CVF Conference on Computer Vision and Pattern Recognition, Long Beach, 2019.

[12] Tian Y, Zhang Y, Fu Y, et al. TDAN: temporally-deformable alignment network for video super-resolution//Proceedings of the IEEE/CVF Conference on Computer Vision and Pattern Recognition, Seattle, 2020.

[13] Wang X, Chan K C, Yu K, et al. EDVR: video restoration with enhanced deformable convolutional networks//Proceedings of the IEEE/CVF Conference on Computer Vision and Pattern Recognition Workshops, Long Beach, 2019.

[14] Chan K C, Wang X, Yu K, et al. BasicVSR: the search for essential components in video

super-resolution and beyond//Proceedings of the IEEE/CVF Conference on Computer Vision and Pattern Recognition, 2021.

[15] Chan K C, Zhou S, Xu X, et al. BasicVSR++: improving video super-resolution with enhanced propagation and alignment//Proceedings of the IEEE/CVF Conference on Computer Vision and Pattern Recognition, New Orleans, 2022.

[16] Zhang S, Yuan Q, Li J. Video satellite imagery super resolution for 'Jilin-1'via a single-and-multi frame ensembled framework//IGARSS 2020-2020 IEEE International Geoscience and Remote Sensing Symposium, Waikoloa, 2020.

[17] Ni N, Wu H, Zhang L. Deformable alignment and scale-adaptive feature extraction network for continuous-scale satellite video super-resolution//2022 IEEE International Conference on Image Processing (ICIP), Bordeaux, 2022.

[18] Xiao Y, Su X, Yuan Q, et al. Satellite video super-resolution via multiscale deformable convolution alignment and temporal grouping projection. IEEE Transactions on Geoscience and Remote Sensing, 2021, 60: 1-9.

[19] Xiao Y, Yuan Q, He J, et al. Space-time super-resolution for satellite video: a joint framework based on multi-scale spatial-temporal transformer. International Journal of Applied Earth Observation and Geoinformation, 2022, 108: 102731.

[20] He Z, Li J, Liu L, et al. Multiframe video satellite image super-resolution via attention-based residual learning. IEEE Transactions on Geoscience and Remote Sensing, 2021, 60: 1-5.

[21] Liu H, Gu Y. Deep joint estimation network for satellite video super-resolution with multiple degradations. IEEE Transactions on Geoscience and Remote Sensing, 2022, 60: 1-5.

[22] Shen H, Qiu Z, Yue L, et al. Deep-learning-based super-resolution of video satellite imagery by the coupling of multiframe and single-frame models. IEEE Transactions on Geoscience and Remote Sensing, 2021, 60: 1-4.

[23] He Z, He D. A unified network for arbitrary scale super-resolution of video satellite images. IEEE Transactions on Geoscience and Remote Sensing, 2020, 59(10): 8812-8825.

[24] He Z, Li X, Qu R. Video satellite imagery super-resolution via model-based deep neural networks. Remote Sensing, 2022, 14(3): 749.

[25] He Z, He D, Li X, et al. Unsupervised video satellite super-resolution by using only a single video. IEEE Geoscience and Remote Sensing Letters, 2020, 19: 1-5.

[26] Wang P, Sertel E. Multi-frame super-resolution of remote sensing images using attention-based GAN models. Knowledge-Based Systems, 2023, 266: 110387.

[27] Dai J, Qi H, Xiong Y, et al. Deformable convolutional networks//Proceedings of the IEEE International Conference on Computer Vision, Venice, 2017.

[28] Chan K C, Wang X, Yu K, et al. Understanding deformable alignment in video

super-resolution//Proceedings of the AAAI Conference on Artificial Intelligence, 2021.

[29] Chiche B N, Woiselle A, Frontera-Pons J, et al. Stable long-term recurrent video super-resolution//Proceedings of the IEEE/CVF Conference on Computer Vision and Pattern Recognition, New Orleans, 2022.

[30] Wang H, Li S, Zhao M. A lightweight recurrent aggregation network for satellite video super-resolution. IEEE Journal of Selected Topics in Applied Earth Observations and Remote Sensing, 2023, 17: 685-695.

[31] He K, Zhang X, Ren S, et al. Deep residual learning for image recognition//Proceedings of the IEEE Conference on Computer Vision and Pattern Recognition, Las Vegas, 2016.

[32] Fuoli D, Gu S, Timofte R. Efficient video super-resolution through recurrent latent space propagation//2019 IEEE/CVF International Conference on Computer Vision Workshop (ICCVW), Seoul, 2019.

[33] Wang X, Yu K, Dong C, et al. Recovering realistic texture in image super-resolution by deep spatial feature transform//Proceedings of the IEEE Conference on Computer Vision and Pattern Recognition, Salt Lake City, 2018.

[34] Ranjan A, Black M J. Optical flow estimation using a spatial pyramid network//Proceedings of the IEEE Conference on Computer Vision and Pattern Recognition, Hawaii, 2017.

[35] Zhu X, Hu H, Lin S, et al. Deformable convnets v2: more deformable, better results//Proceedings of the IEEE/CVF Conference on Computer Vision and Pattern Recognition, Long Beach, 2019.

[36] Charbonnier P, Blanc-Feraud L, Aubert G, et al. Two deterministic half-quadratic regularization algorithms for computed imaging//Proceedings of 1st International Conference on Image Processing, Austin, 1994.

[37] Lai W S, Huang J B, Ahuja N, et al. Fast and accurate image super-resolution with deep Laplacian pyramid networks. IEEE Transactions on Pattern Analysis and Machine Intelligence, 2018, 41(11): 2599-2613.

[38] Li S, Zhou Z, Zhao M, et al. A multitask benchmark dataset for satellite video: object detection, tracking, and segmentation. IEEE Transactions on Geoscience and Remote Sensing, 2023, 61: 1-21.

[39] Xia G S, Hu J, Hu F, et al. AID: a benchmark data set for performance evaluation of aerial scene classification. IEEE Transactions on Geoscience and Remote Sensing, 2017, 55(7): 3965-3981.

第9章 总结与展望

9.1 总　　结

空间对地观测视频的智能处理是现代空间探索和遥感应用的一个重要方面。随着高分辨率卫星图像智能解译潜力的日益增加和太空任务的复杂性增强，迫切需要先进的技术从这些海量数据中提取、分析和解释有应用价值的信息。

本书主要阐述了空间对地观测领域的视频智能处理技术及其应用。空间对地观测视频处理依靠飞行器，卫星等航天飞行平台及飞艇、空天飞机、无人机等航空飞行平台所携载的光电仪器，对目标物的电磁波辐射、反射特性进行探测，并根据其特性对目标物的性质、状态进行处理与分析，其中包括大量的视频处理任务，本书着重对场景分类、目标检测、目标追踪、目标分割、超分辨率重建等典型且应用较为广泛的任务进行详细介绍。

第2章对现有视频卫星及其应用进行了介绍，帮助读者了解国内外视频卫星的基本参数、拍摄视频类型、应用案例等。第3章着重介绍了卫星视频在多个任务方面的数据集，包括数据集在不同任务中所包含的目标类别、标注形式和评价指标等。

第4~7章从任务简介、方法概述、难点及应用、方法原理和实验分析等方面分别对各类具体的空间对地观测视频智能处理任务进行了阐述。

第4章从场景分类的任务简介、视频场景分类的方法概述、应用场景和基于时空协同编码的卫星视频多标签场景分类方法等方面进行了详细阐述。

第5章对视频目标检测的任务简介、方法概述、应用场景、基于小样本学习的两阶段网络卫星视频飞机目标检测方法、基于显著特征融合和噪声边界挖掘的卫星视频运动舰船弱监督检测方法和基于半监督学习的卫星视频细粒度目标检测方法等进行了详细阐述。

第6章从视频目标跟踪的任务简介、方法概述、应用场景、基于运动估计的改进相关滤波卫星视频单目标跟踪方法、基于旋转自适应相关滤波卫星视频目标追踪方法和基于掩膜传播和运动估计的卫星视频多目标追踪方法等方面进行了具体阐述。

第7章对视频目标分割从任务简介、方法概述、应用场景、基于时空特征信息筛选的卫星视频单运动目标分割方法和基于时空信息约束的全场景卫星视频多目标分割方法等方面进行了阐述。

第 8 章从视频超分辨率的任务简介、方法概述、应用场景、基于轻量级循环集成网络的视频超分辨率方法等进行了详细阐述。

各章节内容由浅入深，注重理论联系实际，安排了具体的方法原理介绍、实验与分析等帮助读者更好地理解各章节的技术方法。

9.2　展　　望

展望未来，空间对地观测视频的智能处理领域将进入更进一步的创新发展阶段。本节对以下几个有前景的研究方向和未来趋势进行介绍。

深度学习技术的发展和应用：深度学习技术的持续发展与进步，有望彻底改变空间对地观测视频的分析和解释模型，除了场景分类、目标检测、目标跟踪等，在视频理解任务方面会开发出更稳健、更高精度的深度学习模型。

多模态空间对地观测数据的融合与应用：随着多卫星星载平台的多模态传感器获得的数据资源越来越丰富，对融合和集成不同来源数据的应用需求也越来越迫切，未来的研究将侧重于开发复杂的融合算法，利用不同传感器模态的优势实现空间对地观测视频的智能化处理、分析与应用。

在轨实时视频处理与应用：随着对空间对地观测视频近实时分析的需求持续增长，需要能够在实时或近实时场景中运行的高效且可扩展的处理算法，这包括但不限于开发和应用分布式并行和多任务轻量化的在轨智能处理技术，实现更高时效性的空间对地观测视频的智能处理、分析与应用。

自主系统：随着星载平台自主性的提高，需要能够在自主或半自主模式下应用空间对地观测视频智能处理技术，这包括但不限于开发能够适应不断变化的环境条件和任务目标的自适应和自学习的智能化算法等方面。

总体来说，空间对地观测视频智能处理的未来前景广阔，将有机会在技术、方法和应用等方面取得长足的发展与进步。通过应对该领域方向的关键技术挑战，该领域的研究人员和从业者将可以在空间对地观测视频智能处理、分析方面做出突出的贡献。